BOTANISCHE WANDERUNGEN

IN

BRASILIEN.

REISESKIZZEN UND VEGETATIONSBILDER

VON

DR. W. DETMER,
PROFESSOR AN DER UNIVERSITÄT JENA.

LEIPZIG,
VERLAG VON VEIT & COMP.
1897.

Druck von Metzger & Wittig, Leipzig.

DEN HERREN

MEDICINALRATH DR. W. HESS

UND

DR. A. RAUTERT

ZU MAINZ

IN

AUFRICHTIGSTER DANKBARKEIT UND VEREHRUNG

ZUGEEIGNET

VOM VERFASSER.

Inhalt.

I. Ausreise.

Vorbemerkungen 1. An Bord der Tijuca 2. Abfahrt von Hamburg 3. Seemöven 3. Meerbusen von Biscaya 4. Lissabon 5. Fahrt nach Cintra 7. Wald bei Cintra 10. Abfahrt von Lissabon 10. Die Passatwinde 11. Bemerkungen über den Ocean 12. Fliegende Fische 13. Temperaturverhältnisse 14. Taufe an Bord 14. Die Inselgruppe Fernando de Noronha 15. Sonnenuntergang 16. Das südliche Kreuz 16. Ankunft in Bahia 17.

II. Brasilien im Allgemeinen und die Stadt Bahia sowie Umgebung.

Entdeckung 18. Ehemalige Sclaverei in Brasilien 18. Einwanderung 19. Verfassung Brasiliens 21. Grösse des Landes 22. Bevölkerung 22. Geologisches 24. Klima 25. Allgemeines über die Vegetation 26. Der Staat Bahia 27. Die Unterstadt Bahia 29. Neger in Bahia 30. Sociale Zustände 32. Die Oberstadt Bahia 35. Die Victoria und der campo grande 37. Bougainvilleen 37. Passeio puplico 38. Oreodoxapalmen 39. Pandaneen 39. Mango-, Brotfrucht- und Tamarindenbäume 40. Orchideen 40. Cacaobaum 42. Bananenpflanzen 43. Bau und Function der Laubblätter 45. Merkwürdige tropische Laubblätter 46. Bambus 48. Die Sinnpflanze 48. Orangen, Ananas und andere Früchte 50. Cocospalmen 52. Excursion nach Rio Vermelho 52. Lateritboden 53. Pontederiaceen 54. Bromeliaceen 55. Cocoshain 55. Excursion nach Itapajepe 55. Kautschukbaum 56. Baumwürger 56. Ameisenpflanzen 56. Mangrovevegetation 60. Der Brasilianer, Charaktereigenschaften und Lebensweise desselben 63. Nahrungsmittel in Brasilien 68. Unterrichtswesen 70. Krankheiten 71.

III. Reisen im Staat Bahia.

Der Paraguassú 73. Cachoeira und S. Feliz 74. Reise nach Sitjo-Novo 75. Caatingas 77. Ritt nach Orobó 78. Aufenthalt daselbst 79. Pflanzen der Caatingas 81. Biologisches 82. Die Serra do Orobó 85. Tillandsien 86. Wald 86, Die Fazenda Leão dos Brejos 88. Elemente des tropischen Urwaldes 89. Bäume, Lianen, Epiphyten 90. Gesammtcharakter des tropischen Urwaldes 97. Gesammteindruck desselben 98. Culturen auf der Fazenda 99. Kaffee- und Maniokcultur 100. Thierwelt Brasiliens, Affen, Gürtelthiere, Ameisenbären, Papageien, Kolibris, Schlangen, Ochsenfrösche, Carapatos, Mosquitos, Sandflöhe, Schmetterlinge, Termiten 103. Rückkehr nach Bahia 110. Reise nach Santo Amaro 111.

Zuckerrohrcultur 112. Excursion in einen Urwald 113. Ausflug nach Nazareth 115. Zambatanz der Negerinnen 115.

IV. Rio de Janeiro und Umgebung.

Reise von Bahia nach Rio 117. Die Bai von Rio de Janeiro 117. Farbentöne am Himmel 119. Spaziergang in Rio 119. Nächtliches Concert 120. Rio als Handelsstadt 120. Rua do Ouvidor 121. Strassenbahnen 122. Das gelbe Fieber 123. Passeio publico 125. Leuchtkäfer 126. Der botanische Garten zu Rio 126. Palmen- und Bambusalleen desselben 127. Formen einiger Tropenbäume 129. Andere Gärten Rios 130. Indianerkinder 131. Excursion nach Copacabana 131. Vegetation des Strandes 132. Restingavegetation 133. Temperaturmessungen an Cereusarten 136. Fahrt auf der Bucht von Rio 137. Vellosieen 137. Der Corcovado 138. Petropolis 139. Excursion auf den Pico do Papagaio 140. Felsenpflanzen 141. Wasserfall im Walde 141. Tropische Bergwälder 142. Bambusdickichte, Begonien, Farnbäume 143. Epiphylle Moose 143. Mutisien 144.

V. Reisen in den Staaten Rio de Janeiro, Minas Geraes, São Paulo und Espirito-Santo.

Reise nach Ouro-Preto 145. Der Itacolumy 147. Goldbergwerke in Passagem 147. Vespasiano 148. Lagôa Santa 148. Brasilianische Camposvegetation 149. Die Grabstätte Lunds 150. Reise nach S. Paulo 151. Staat und Stadt S. Paulo 152. Kirchhof in S. Paulo 153. Bergwälder der Serra do Mar 154. Ipirangapalast 155. Campinas 156. Instituto agronomico daselbst 156. Die Kaffeefazenda Genebra 157. Färbung des Himmels 157. Reise in den Norden des Staates Rio de Janeiro 158. Macahé 158. Campos 159. Hahnenkampf daselbst 159. Murundu 160. Capoeira daselbst 160. S. Eduardo 160. Pflanzenformen bei S. Eduardo 161. Urwald 161. Mimoso im Staat Espirito-Santo 162. Tropengewitter 163. Maulthiere 165. Stromschnelle des Rio Mucuy do Sul 166. Podostemaceen 167. Der Europäer im tropischen Brasilien 168. Die Natur in den Tropen und in der gemässigten Zone 169.

VI. Heimreise.

Abreise von Rio 170. Sternenhimmel 171. Kapverdische Inseln 172. Pic von Tenerifa 173. Ankunft in Lissabon 174. Der botanische Garten daselbst 174. Reise nach Sevilla 177. Orangengarten am Guadalquivir 180. Stiergefecht in Sevila 181. Granâda 183. Die Alhambra 183. Höhlenwohnungen der Zigeuner 184. Die Sierra Nevada 185. Tänze der Zigeunerinnen 185. Reise nach Hamburg 186. Ankunft in Jena 187. Einige Litteratur 188.

I. Ausreise.

Seit vielen Jahren hegte ich den lebhaften Wunsch, die Tropenwelt durch eigene Anschauung kennen zu lernen. Dieser Wunsch steigerte sich mehr und mehr zu leidenschaftlicher Sehnsucht. Beim Besuch europäischer Hafenstädte stimmte mich der Anblick schöner, grosser Schiffe, auf denen die Vorbereitungen zur Fahrt über den Ocean getroffen wurden, stets traurig, weil es mir nicht vergönnt war, hinauszuziehen in die weite Welt, von deren Pracht und Herrlichkeit ich träumte. Manche meiner Freunde und Collegen hatten bereits weite Tropenreisen unternommen; ihre begeisterten Schilderungen trugen wesentlich dazu bei, mein sehnsüchtiges Verlangen immer aufs Neue zu beleben. Wie sollte es auch anders sein! Für den Botaniker ist der Wunsch nur zu natürlich, die unvergleichliche Fülle des Lebens, die sich den staunenden Blicken unter heisserer Sonne darbietet, kennen zu lernen und den Formenreichthum, die wunderbaren biologischen Einrichtungen sowie physiologischen Leistungen tropischer Vegetation an der Quelle zu studiren. Dazu kam noch die Absicht, einige wissenschaftliche Fragen, die mich lange interessirten, in den Tropen weiter zu verfolgen.

Endlich, endlich, nach langem Hoffen, trafen verschiedene Umstände so günstig zusammen, dass ich den Entschluss fassen durfte, eine Tropenfahrt zu unternehmen. Mein Reiseziel war Brasilien.

Mit hoher Befriedigung blicke ich nunmehr zurück auf den wissenschaftlichen Gewinn sowie den ästhetischen Genuss, den die Reise gewährte. Ich fühle mich allen denjenigen gegenüber zu wärmstem Danke verpflichtet, welche mein Unternehmen irgendwie förderten, namentlich Sr. Königl. Hoheit dem Grossherzog von Sachsen-Weimar-Eisenach, dem hohen Staatsministerium und Herrn Geheimen Staatsrath Dr. Eggeling in Jena für den bereitwilligst ertheilten Urlaub, und der Rheinisch naturforschenden Gesellschaft zu Mainz für die in liberaler Weise zur Verfügung gestellte Reiseunterstützung.

Nachdem alle Vorbereitungen zur Reise sorgfältig getroffen waren, schlug am Nachmittag des 10. August 1895 die Abschiedsstunde. Der Zug brauste am Weimar-Geraer Bahnhof heran. Ein letztes, herzliches Lebewohl rief ich den Meinen sowie einigen Freunden zu, und fort ging es in die weite Welt.

Am Nachmittag des 14. August begab ich mich in Hamburg an Bord der Tijuca. Dieses der Hamburg-Südamerikanischen Dampfschifffahrts-Gesellschaft gehörende Schiff wird vom Capitain Bucka geführt. Dasselbe hat eine Länge von 309′, eine Breite von 36′, und seine Höhe, vom Deck bis zum Kiel, beläuft sich auf 30′.

Es existiren verschiedene Gesellschaften, welche eine regelmässige Verbindung zwischen Europa und Bahia sowie Rio de Janeiro aufrecht erhalten. Abgesehen von der genannten sind besonders zu erwähnen der Norddeutsche Lloyd in Bremen, die Royal Mail-Company (Southampton), die Messagéries maritimes (Bordeaux).

Die Schiffe der Hamburger Compagnie befördern Passagiere erster Cajüte und Zwischendeckpassagiere. Jede Woche geht regelmässig ein Schiff von Hamburg und eins von Brasilien ab. Es ist Platz für ca. 50 Cajüten- und 200 Zwischendeckpassagiere vorhanden. Ueberdies nehmen die Schiffe stets viel Fracht mit, welche auf der Reise von

Europa nach Brasilien besonders in Manufactur- und Eisenwaaren besteht.

Auf der Tijuca herrschte ein reges Leben, als ich an Bord kam. Die letzten Vorbereitungen zur Fahrt wurden getroffen, und im Laufe des Abends fanden sich auch sämmtliche Passagiere ein. Bei Antritt einer längeren Seereise widmet man der Reisegesellschaft ganz naturgemäss ein besonders lebhaftes Interesse, weil man mehrere Wochen so sehr auf dieselbe angewiesen ist. Man beobachtet die Menschen und wird wieder beobachtet, oder man knüpft hier und dort eine Unterhaltung an; so tastet man gleichsam umher, um diejenigen herauszufinden, denen man sich anschliessen möchte. Der Zufall fügte es, dass ich gleich am ersten Abend zu einigen Damen und Herren, deren Bekanntschaft mir in Brasilien sehr angenehm und nützlich werden sollte, Beziehungen gewann.

Am 15. August früh um 7 Uhr ertönte das Signal zur Abfahrt.

Der Hamburger Hafen, Altona, die schönen Landhäuser am rechten Elbufer und das so überaus anmuthige Blankenese lagen bald hinter uns. Die Wasserfläche des stolzen Flusses wird immer breiter. Bei Cuxhafen sahen wir einen Postdampfer der Hamburg-Amerikanischen Packet-Actien-Gesellschaft. Er entschwand unseren Blicken aber bald wieder, denn das Schiff legte 17 Seemeilen in der Stunde zurück, während wir nur mit der Geschwindigkeit von 12 Meilen fuhren. Nun befanden wir uns auf See. Nach einiger Zeit, nachdem uns der Lootse bereits verlassen hatte, tauchten die prächtig von der Sonne beschienenen, roth schimmernden Sandsteinfelsen von Helgoland aus dem Meere empor. Gegen Abend bot sich lange Gelegenheit, den Flug der unser Schiff begleitenden Möven zu beobachten. Bewunderungswürdig ist in der That die Ausdauer und Geschwindigkeit, mit der diese Vögel zu fliegen vermögen. Zahlreiche Thiere kreisten hoch in der Luft über dem Schiff. Ab und an führten sie einige Flügelschläge aus, um sich darauf ruhig schwebend weiter zu bewegen. Dann sanken sie plötzlich bis zur Wasseroberfläche hernieder, aber alsbald flogen sie im weiten Bogen wieder empor. Dieses Spiel der Vögel gewährt einen überaus anziehenden Anblick.

Gleich am ersten Tage forderte die Seekrankheit viele Opfer; ich blieb jetzt, sowie überhaupt während der Aus- und Heimreise, selbst bei heftigem Sturm, völlig von derselben verschont. Die Bewegung des Schiffes kann eine rollende, d. h. von einer zur andern Seite gerichtete, oder eine stampfende sein. Im letzteren Falle senkt sich der Schiffskörper mit seinem vorderen Theil in die Fluth, während der hintere Theil desselben emporgehoben wird, oder umgekehrt. Der Neigungswinkel des Decks zur Horizontalen wird beim Rollen und Stampfen des Schiffes leicht überschätzt. Im ersteren Falle beträgt er für grosse Schiffe wohl selten mehr als 30^0, im letzteren höchstens 10^0. Wenn das Schiff stark rollt, so kommt es vor, dass die Raaen der Masten ins Wasser eintauchen, und das Schiff auch Wasser schöpft.

Am 16. August fuhren wir bei Dover an den hell schimmernden Kreidefelsen der englischen Küste vorüber, und am folgenden Tage trat unser Schiff in den Meerbusen von Biscaja ein.

Unvergleichlich herrlich ist der weite, unermessliche Ocean an jedem Orte und zu jeder Zeit. Schön erscheint die tief indigoblaue Farbe des Meeres, an der ich mich niemals satt sehen konnte. Schön ist das Meer, wenn sich bei klarem Wetter die blaue Himmelsglocke über der Fluth wölbt, das Wasser leise rauscht, das Flüstern des verrinenden Schaumes, welches demjenigen des vom Winde leicht bewegten Birkenlaubes ähnelt, an unser Ohr tönt, und die vom Wasser reflectirten Strahlen der noch nicht hoch stehenden Sonne in ihrer Lichtfülle gleich einer goldfunkelnden, weitgespannten Brucke auf der Fluth ruhen. Einen wundervollen Anblick gewährt der Ocean zuweilen in dunklen, warmen Nächten. Hinten am Heck, wo die Schraube rastlos arbeitet, wallt und wogt gleich einem weissen, mit hell funkelnden Sternen besäeten Schleier der Schaum. Ein entzuckendes Bild entfaltet sich hier und rings um das Schiff dem staunenden Auge. Es leuchtet und sprüht, es funkelt und glüht uberall. Das ist das Phänomen des Meerleuchtens, hervorgerufen durch die Lebensthätigkeit zahlloser Organismen, besonders der Infusorien, Radiolarien, sowie Medusen. Und schön ist das Meer auch im Sturm. Das Schiff hebt und senkt sich im hohen Bogen. Die gewaltigen, schaumgekrönten Wogen rauschen heran. Ganze Wassermassen reissen sich von ihnen los, um sich in Strömen auf das Deck zu ergiessen. In den Lüften heult der Sturm, dunkle, tief hängende Wolken vor sich her treibend. Die ganze Natur erscheint gleichsam leidenschaftlich erregt; frei und kühn entfaltet sie ihre wundersame, uralte Kraft vor den Blicken des Menschen.

Unser Capitän war zunächst durch seinen Dienst sehr in Anspruch genommen. Er verweilte während der Fahrt durch die Nordsee und den Canal, die immer besondere Aufmerksamkeit erfordert, fast stets auf der Commandobrücke. Jetzt lernten wir den vortrefflichen Herrn Bucka sowie seine Officiere aber näher kennen, und es war mir unter anderem interessant zu beobachten, wie die Seeleute vielfach zu ihrem Schiff in einem förmlich persönlichen Verhältnisse stehen. Sie rühmen seine Fahrgeschwindigkeit oder sonstige gute Eigenschaften desselben; kein anderes Schiff kommt eben dem ihrigen gleich.

Am 19. August erreichten wir Lissabon. In dieser Stadt hielt ich mich auf der Rückreise längere Zeit auf und komme daher erst später eingehender auf Manches zu sprechen, was hier noch keine Erwähnung finden kann.

Der Tejo, wie ihn die Portugiesen nennen, oder Tajo,

wie er im Spanischen heisst, ist bei Lissabon, also nahe seiner Mündung in den Ocean, sehr breit. Am linken Flussufer ziehen sich reich bewachsene Hügelketten hin. Am rechten Ufer liegt die Hauptstadt Portugals. Vom Schiffe aus erblickt man ein weit ausgedehntes Häusermeer, welches um so imponirender wirkt, als es sich vom Strome aus terrassenförmig an den Abhängen der zahlreichen Hügel erhebt, auf denen die Stadt erbaut ist. Wir nahmen ein Ruderboot und landeten an einem von stattlichen Gebäuden umgebenen Platz, Praça do commercio, der auf der einen Seite vom Tejo begrenzt und in seiner Mitte durch die Reiterstatue, Josephs I. geschmückt wird. Durch einen grossartigen Ruhmesbogen tritt man in eine der Hauptstrassen ein. Dieselben sind regelmässig gebaut, auch sehr gut gepflastert. Viele der beiden Trottoirs zeigen sich aus kleinen, zu verschiedenen Mustern gruppirten Steinchen zusammengesetzt. Balkons erblickt man in grosser Zahl. Die Aussenwände mancher Häuser sind mit blau und weiss gezeichneten Fayenceplatten bekleidet. Hübsch ist die Praça d. S. Pedro IV., der Camoensplatz mit dem Denkmal des bedeutendsten portugiesischen Dichters und die breite, mit Baumreihen, sowie Palmen und prächtigen Cycadeenexemplaren geschmückte Avenida. Die Strassen der Altstadt, welche von dem entsetzlichen Erdbeben verschont blieben, das Lissabon am 1. November 1755 heimsuchte, sind eng und krumm. Lohnend ist ein Besuch der schönen Kirche „Egreja da Estrella" und eines herrlichen, halb im maurischen, halb im romanisch-gothischen Stil errichteten Bauwerkes im westlichen Stadttheil Belém. Ursprünglich ein Kloster, wird das weitläufige Gebäude heute als Waisen- und Findelhaus benutzt. Sehenswerth sind zumal der reich geschmückte Kreuzgang, sowie die gothische Kirche.

Die Gärten der Hauptstadt, besonders derjenige von d'Alcántara, sowie der unvergleichlich schöne und reichhaltige botanische Garten, sollen erst später besprochen werden.

Wenn man das Leben und Treiben im Hafen von Lissabon sowie in der Stadt betrachtet, so wird man sofort auf die hohe commercielle Bedeutung derselben hingewiesen. In den Strassen herrscht ein reger Verkehr von Frachtwagen, Pferdebahnen, Droschken und eleganten Equipagen. Die letzteren durcheilen oft in rasender Geschwindigkeit die Stadt, so dass es gilt, in den belebteren Theilen derselben Augen und Ohren offen zu halten. Lissabon hat reich ausgestattete Läden. Auf den Trottoirs drängen sich viele Menschen. Die Männer aus dem „Volk", meist nicht gross und schmal gebaut, tragen eigenthümliche Zipfelmützen und zur Befestigung ihrer Beinkleider bunte Leibbinden. Die Marktfrauen in blossen Füssen, befördern ihre Waare in Körben, die auf dem Kopf ruhen. Auch Neger und Negerinnen sieht man zuweilen. Mit grossem Geschrei bieten Männer sowie Knaben den Vorübergehenden Loose und Zeitungsblätter an.

Dem Rundgange durch die Stadt folgte ein Besuch der sehr sehenswerthen Markthallen. In denselben werden alle möglichen Dinge, insbesondere Fleisch, Geflügel, Gemüse, Früchte, zum Verkauf ausgeboten. Man sieht hier grosse Mengen der köstlichsten Melonen, Orangen, Weintrauben, Pfirsiche, Bananen. Ebenso in Salzwasser abgekochte Oliven und ferner Feigen. Diese letzteren stellen bekanntlich im botanischen Sinne keine Frucht, sondern einen Fruchtstand dar. Der Feigenbaum, Ficus Carica, erreicht eine Höhe von ca. 8 m; er wird in Südeuropa vielfach in Gärten cultivirt. Die Feige selbst ist die hohle Blüthenstandsachse, an deren innerer Oberfläche die Blüthen, später aber die Früchte als harte Körner sitzen. Oben ist die Höhlung durch kleine Hochblätter verschlossen.

Der Hauptbahnhof Lissabons, von dem aus wir nach Cintra fuhren, liegt, was sehr bequem für den Reisenden ist, mitten in der Stadt in unmittelbarer Nähe der Avenida. Wenn der Zug die Bahnhofshalle verlassen hat, muss er sogleich einen langen Tunnel passiren. Nach dem Austritt aus demselben erblickt man zahlreiche mit Mauern umschlossene Gärten, in denen besonders Orangenbäume cultivirt werden. Auch Oliven- und Maisculturen sind häufig. Einen eigenartigen Eindruck gewähren die zum Schutz der Felder an den Grenzen derselben reihenweise gepflanzten Agaven mit ihren riesigen, fleischigen, graugrünen, stachelrandigen Blättern. Übrigens sieht man diese Pflanzen hier lange nicht in solcher Menge wie z. B. an manchen Orten Spaniens.

Die Gegend, welche der Zug durcheilt, ist hügelig. Sonnendurchglühte, abgeerntete Felder breiteten sich vor unseren Augen aus. Als ich die Fahrt nach Cintra im December noch einmal unternahm, erschien mir das ganze Land in einem weit freundlicherem Lichte als jetzt im Hochsommer, weil die Winterregen die Natur belebt hatten und frisches Grün hervorgesprosst war.

Allmählich näherten wir uns den bis zu ca. 500 m emporsteigenden granitischen Bergen von Cintra. Diesen Ort erreicht man von Lissabon mit der Bahn in etwa einer Stunde. Die reizende kleine Villenstadt liegt malerisch an den Abhängen bewaldeter Höhen. Durchströmt von einem rauschenden Bach, in dessen Nähe sich sehr alte Olivenbäume, Castanien, Nussbäume, Platanen erheben, geschmückt mit herrlichen Gärten und überragt von den Kuppen des Gebirges, bietet sie das Bild eines kleinen Paradieses dar.

In Cintra angelangt, trennte ich mich von unserer Reisegesellschaft. Die Mehrzahl der Damen und Herren nahmen Wagen, um dem berühmten Schloss Palacio da Pena einen Besuch abzustatten. Ich schlug mit einem jungen Kaufmann, der in Brasilien sein Glück machen wollte, den zum Schloss führenden Fussweg trotz drückender Hitze ein, da mir daran lag, die Flora der Gegend wenigstens in etwas kennen zu lernen.

Wir hatten das erwähnte Schloss, welches, in maurisch-gothischem Stil erbaut, der portugiesischen Königsfamilie als Sommeraufenthalt dient, bald erreicht. Leider konnten wir nicht eintreten, da sich die Königin im Schloss aufhielt. Um so mehr Zeit gewannen wir für die Besichtigung des herrlichen Parkes. In demselben erblickt man die verschiedenartigsten Bäume und Sträucher. Der Epheu überrankt das hier und dort zu Tage tretende nackte Gestein; er klettert auch mittelst seiner auf der vom Licht abgewandten Seite des Stengels entspringenden Haftwurzeln hoch an den Bäumen empor. Fuchsiabüsche sowie Hortensien standen in voller Blüthe. Besonders interessirten mich Farnbäume, die ich später bei Rio de Janeiro in ihrer unvergleichlichen Schönheit wild wachsend sehen sollte, Cypressen, Exemplare von Araucaria excelsa (Norfolktanne) und riesige Eucalypten. Diese letzteren Bäume, zu der Familie der Myrtaceen gehörend, stammen fast alle aus Australien. Sie erreichen in der Heimath zuweilen die enorme Höhe von 120—150 m. Alle übrigen Bäume, auch die gewaltige Wellingtonia gigantea, übertreffen sie demnach an Grösse. Die Eucalyptusblätter sind an den jüngeren Pflanzen meist gegenständig, an den Zweigen der älteren gewöhnlich wechselständig gruppirt und von derber, lederartiger Beschaffenheit. Ein weitgedehnter Abhang im wunderschönen Park, der durch die Anlage kleiner Teiche und Wasserläufe noch abwechselungsreicher gestaltet wird, ist ganz mit Camellien bepflanzt, die ich im December in beginnender Blüthe fand. Eine herrliche Aussicht geniesst man vom Schloss aus auf die benachbarten grünen Höhen, auf das Thal und das Meer.

Wir verliessen den Park und wanderten auf einer Chaussee, die schliesslich auf die von Cintra nach Collares führende Strasse ausmündet, bergab. Im Vordergrund erblickt man das Meer, zur Seite des Weges an den Bergabhängen hoch aufgethürmte Felsblöcke und eine Waldvegetation von typisch-mediterranem Charakter. Ueber allem ruht ein tief blauer Himmel. Eine Lichtfülle, wie wir eine solche in unseren höheren Breiten nicht kennen, fluthete über Berg und Thal.

Der Wald bei Cintra ist reich an Laubholz. Die Bäume werfen ihre Blätter aber im Winter nicht ab, sondern sie sind immergrün. Man erblickt namentlich Eichenarten mit derbem, unterseits grauhaarigem Laub, Quercus ilex sowie Quercus suber (Korkeiche). Die letztere wird in Portugal und Spanien ihrer mächtig entwickelten korkigen Rinde wegen auch vielfach cultivirt. Charakterpflanzen dieser Gegend sind ferner Pinus maritima und die malerische Pinie (Pinus pinea), deren aufstrebende Äste sich zu einer schirmförmigen, abgerundeten Krone gruppiren. Am Waldrand oder unter den Bäumen gedeihen strauchartige Euphorbien, Spartum junceum, Büsche von Erica arborea, welche Pflanze im December mit weissen Blüthen geschmückt ist, und dorniger Ulex mit stechenden Blättern. Zahlreiche Gewächse der mediterranen Flora lassen sehr leicht Anpassungen an die Hitze und Trockenheit des Sommers erkennen, während ihr immergrüner Charakter zugleich auf die Milde des Winters hinweist.

Leider reichte die Zeit nicht hin, um noch die einem Engländer gehörende Villa Monserrate zu besichtigen.

Am 21. August setzte unser Schiff die Reise nach Brasilien fort, nachdem noch 60 Zwischendeckpassagiere, portugiesische Auswanderer, aufgenommen worden waren. Viele dieser Männer und Frauen, die sich nicht gerade durch Sauberkeit und Ordnungsliebe auszeichneten, erblickt man während der ganzen Reise am Tage, gleichsam gebannt an ein und denselben Platz des Vorderdecks liegen, ohne dass sie eine Hand rühren. Auffallend hübsch waren einige schwarzäugige und schwarzhaarige Kinder dieser Leute.

Die Schönheit der Lage Lissabons trat erst recht in die

Erscheinung, als wir jetzt bei herrlichem Wetter stromabwärts dem Ocean zusteuerten. Wo sich das Häusermeer in den Vororten der Stadt lichtet, wird das reizende Bild mehr und mehr durch grunende Garten belebt, die sich an den Hängen zwischen den Häusern hinziehen. Auf den Höhen erblickt man viele Windmuhlen, dicht am Tejoufer aber die gewaltigen Gebäude des Klosters von Belém sowie einen alten Thurm von arabischer Bauart, dessen Plattform eine den Fluss beherrschende Batterie trägt. In der Ferne tauchen in blauem Duft die waldigen Cintraberge auf.

Die lange Reise von Lissabon bis Bahia wurde von der Tijuca ohne Aufenthalt in einem Hafenplatz zuruckgelegt. Bevor wir die weite Fahrt antreten, dürfte es wohl geboten sein, einige für den nach Brasilien reisenden besonders interessante allgemeine Bemerkungen uber Luft und Meer, die Elemente, in denen sich das Schiff bewegt, vorauszuschicken.

In der Nähe des Äquators wird die Luft durch die Sonnenstrahlen stark erwärmt. Sie steigt empor und fliesst nach den Polen ab. In Folge der Drehung der Erde schlägt die Luft aber keine rein nördliche resp. südliche Richtung ein, sondern sie bewegt sich auf der nördlichen Halbkugel von Südwesten nach Nordosten, auf der südlichen von Nordwesten nach Südosten. Zum Ersatz der durch die in hohen Regionen der Athmosphäre wehenden oberen Passate fortgeführten Luftmassen stromt natürlich neue Luft nach dem Äquator hin. So entsteht auf der nördlichen Hemisphäre der Nordost-, auf der südlichen der Südostpassat. Im atlantischen Ocean erstreckt sich der erstere bis etwa zum 30. Grad. Die Grenze des Südostpassates ist weniger genau bestimmt. Nordost- und Südostpassat werden als untere Passate bezeichnet, weil sie dicht über der Meeresoberfläche wehen. Eingeschlossen von den beiden Passatregionen liegt eine Zone, die man Region der Calmen nennt. Die durchschnittliche Breite derselben beträgt 6°; ihre Mitte fallt aber nicht, wie man glauben möchte, mit dem Äquator zusammen, sondern sie ist mehr nach Norden gerückt. Zur Zeit unserer Sommermonate ist der Calmengürtel breiter als während unseres Winters.

Das Vorhandensein der unteren Passate nimmt man auf der Reise nach Brasilien in den betreffenden Breiten natürlich unmittelbar wahr. Die Capitäne der Dampfer suchen diese Winde, indem zur rechten Zeit Segel aufgesetzt werden, auch zu benutzen, um die Geschwindigkeit der Schiffe in etwas zu beschleunigen. Von dem Vorhandensein der oberen Passate überzeugt man sich leicht, wenn man den Lauf der in hohen Luftregionen schwebenden zarten Cirren verfolgt. Bei Nordostpassat, der über der Meeresfläche weht, sieht man diese Wolken z. B. oft von Südwest nach Nordost ziehen.

Das Meerwasser besitzt nicht an allen Orten die nämliche Zusammensetzung. Das Wasser des Oceans enthält z. B. ca. 3.5 °/₀ Salz. 100 Theile desselben bestehen zu ca. 75 °/₀ aus Chlornatrium (Kochsalz). Daneben kommen Chlormagnesium, Chlorkalium, Brommagnesium, Kalksalze etc. vor.

Die Farbe des Oceans ist bei wolkenfreiem Himmel eine unvergleichlich schön tief indigoblaue. Diese Färbung kommt theils durch Spiegelung des blauen Himmels im Meer zu Stande, theils hat sie darin ihren Grund, dass das Wasser in dicker Schicht das auffallende Licht der Hauptsache nach absorbirt und nur blaue Strahlen reflectirt. Bei trübem Wetter erscheint der Ocean graublau. Ein Meer von relativ geringer Tiefe und reichlicherem Gehalt an suspendirten festen Elementen hat, wie z. B. die Nordsee, eine grünliche Farbe.

Die bedeutendsten Tiefen, welche man bis jetzt im Ocean nachgewiesen hat, betragen 7—8000 m. Der Meeresboden ist nicht eben, sondern es wechseln auf demselben hohe, aber sanft ansteigende Bodenanschwellungen mit weiten Thälern. Die Beschaffenheit des Meeresgrundes ist an den Küsten eine sandige, oder, wo in Buchten und in der Nähe grösserer Inseln in Folge relativer Ruhe des Wassers die Möglichkeit der Ablagerung feinster Theile aus dem Wasser gegeben, eine schlammig-thonige. Auch aus der Fluth des freien Oceans senken sich fortwährend feinste Elemente langsam zu Boden; die Natur der auf solche Art gebildeten Sedimente kann eine sehr verschiedenartige sein. Bald hat man es nämlich mit grauen und rothen Thonen, bald mit dem aus den Kalkschalen abgestorbener Foraminifeeren bestehenden Globigerinenschlamm oder mit Anhäufungen der winzigen Kieselpanzer von Radiolarien und Diatomeen zu thun.

Die Temperatur der oberen Schichten des Meerwassers ist selbstverständlich bedeutenden Schwankungen unterworfen. In grösserer Tiefe verschwinden dieselben mehr und mehr. In ca. 1000 m Tiefe herrscht eine Temperatur von etwa 4^0 C., und in 5500 m Tiefe sinkt sie auf 0 bis $+ 2^0$ C.

Über die Höhe der Wellen macht man sich oft ganz übertriebene Vorstellungen. Wellen von 30 m Höhe giebt es thatsächlich nicht, obgleich dies oft behauptet worden ist. Genaue Untersuchungen verschiedener Forscher ergaben für die Höhe der mächtigsten Wellen des Oceans etwa 13 m, für diejenige der Nordsee nur 5 m. Es ist hierbei stets die Höhendifferenz zwischen der tiefsten Stelle des Wellenthales und der höchsten des Wellenberges gemessen worden.

Wir verliessen Lissabon, wie gesagt, am 21. August. Das Wetter blieb anhaltend schön, so dass wir den Wendekreis des Krebses schnell erreichten. Nun befanden wir uns wirklich in den Tropen. Als ersten Gruss sandten dieselben fliegende Fische (Exococtus) auf Deck. Diese merkwürdigen Thiere von ca. 25 cm Länge zeichnen sich durch ihre grossen Augen und dadurch aus, dass sie insbesondere unter Beihülfe ihrer Brustflossen zu „fliegen“ befähigt sind. Dieselben können weit ausgespannt werden, und ihre Haut gewinnt durch gabelig verzweigte, den Speichen eines Schirmes ähnlich wirkende, derbe Strahlen hinreichenden Halt. Die Thiere erheben sich nur bei bewegter See in die Luft. Wahrscheinlich vermögen sie keine activen Flugbewegungen auszuführen, sondern werden, wenn sie pfeilschnell aus der Fluth herausgeschnellt sind, allein unter Vermittelung der ausgespreizten Flossen durch die Luft getragen.

Die Hitze war schon recht bedeutend, namentlich fehlte die nächtliche Abkühlung, wie einige dem Schiffsjournal entlehnte Angaben zeigen mögen:

25./8. 12 Uhr mittags, 21.38° n. B.

				Temperatur der Luft im Schatten ° C.	Temperatur des Meeres ° C.
25./8.	12	Uhr	mittags	27.0	26.0
	8	„	abends	25.6	25.3
26./8.	4	„	morgens	25.5	26.2
	12	„	mittags	29.0	26.7
	8	„	abends	26.5	26.1

26./8. 12 Uhr mittags, 16.52° n. B.

Wir näherten uns jetzt schnell der Region des momentanen Zenithstandes der Sonne, ca. 10° n. B. Gegenstände, z. B. Stöcke, die zur Mittagszeit senkrecht aufgestellt wurden, warfen fast gar keinen Schlagschatten mehr, und nach Überschreitung jener Region zeigte sich das merkwürdige Bild, dass die Sonne zu Mittag im Norden stand.

Auch eine andere Erscheinung kann ich hier nicht unerwähnt lassen, die jedem Tropenreisenden auffallen muss. Ich meine die Kürze der Dämmerung. Der für uns ganz ungewohnte rasche Übergang von hellem Tag zu dunkelster Nacht, der sich in den Tropen in etwa einer halben Stunde vollzieht, ist Folge des senkrechten Hinabsteigens der Sonne.

Am 30. August nachmittags $1^1/_2$ Uhr passirten wir den Äquator, oder, wie man auch sagt, die Linie. Das gab ein grosses Fest. Wir hatten nämlich unseren liebenswürdigen Capitän gebeten, alle diejenigen, welche noch nicht über die Linie gekommen waren, taufen zu lassen.

Ein grosses Segel wurde auf dem Hinterdeck ausgespannt und mit einer Wasserschicht von ca. 2 Fuss Höhe angefüllt. Ein Kanonenschuss ertönt, die Dampfpfeife erschallt und Neptun ist an Bord. Er naht beim Klange der Musik, geziert mit einer Krone aus Goldpapier und einem mächtigen Bart aus Werg, gefolgt vom Schiffspersonal. Neptun hält eine feierliche Rede. Dann werden die Neulinge, die jüngeren Herren unter den Passagieren, sowie die Matrosen, nachdem sie leichte Leinwandkleider angelegt haben, mittelst eines grossen Pinsels gründlich eingeseift, im Gesicht zudem mit Russ verschönert, mit einem grossen Holzmesser barbiert und endlich einer nach dem anderen rücklings in das Wasser des Segels geworfen. Das giebt ein lustiges Zappeln und Spritzen. Die Damen sowie älteren Herren kommen gnädiger davon. Ueber ihrem Kopf wird nur ein nasser Schwamm ausgedrückt. Jeder Täufling empfängt einen vom Capitain unterzeichneten Taufschein. Wir waren alle in die heiterste Stimmung versetzt, und verbrachten den Abend, nachdem das Deck mit Lampions geschmückt worden war, fröhlich bei Gesang und Tanz. Merkwürdig, wie nahe sich Menschen der verschiedensten Lebensstellung und Anschauung bei Gelegenheit einer längeren Seereise aneinander anschliessen können!

Den 31. August passirten wir die unter 3.50° s. B. liegende brasilianische Inselgruppe Fernando de Noronha, welche der Regierung zur Deportation von Verbrechern dient. Diese Inseln, der Hauptsache nach aus vulkanischem Gestein (Phonolith, Basalt) aufgebaut, tragen, abgesehen von einigen Waldbeständen, wenig Vegetation, da das Klima sehr trocken ist. Reptilien und Vögel, letztere haben zur Entstehung von Guanolagern Veranlassung gegeben, sind in grosser Individuenzahl vorhanden. Die Säugethiere sind nur durch, wahrscheinlich eingeführte, Ratten vertreten. Dieselben bilden eine Landplage, und daher wird monatlich einmal ein Rattentag angesetzt, an welchem die Sträflinge tausende der Thiere tödten. Eine der schmalen Inseln, an deren Westküste wir ganz dicht entlang fuhren, trägt einen steil emporragenden Pic.

Etwa um 10 Uhr morgens sahen wir das Land gleich einem Nebelstreif am Horizont auftauchen. Gegen 12 Uhr lagen die malerischen, vegetationsarmen, felsigen Küsten der Insel zum Greifen deutlich vor unseren Blicken. Sie heben sich scharf vom blauen Hintergrunde des Himmels ab. Der Pic, ca. 800 Fuss hoch, steigt fast senkrecht empor, und die schön geschwungenen Linien benachbarter Felsmassen, sowie einzelne hochragende Palmen verleihen dem Bilde etwas überaus Anziehendes. An einer Stelle hat sich ein Felsenthor gebildet, durch welches ein Meeresarm tosend seinen Weg sucht. Hoch empor spritzt der weisse Schaum der starken Brandung, das gelb-graue steil zum Meer abfallende Gestein benetzend.

Aber das Glück dieses Tages sollte noch nicht vollendet sein. Als ich nach Tisch an Deck kam, bot sich ein Schauspiel von überwältigender Grossartigkeit dar. Im Süden und Norden hochgethürmte, zackige Wolkenmassen. Nach Westen zu schien der Himmel in Flammen zu stehen. Wo ist ein Maler, der es vermöchte, die Gluth der Farben und auf der anderen Seite den zarten rosigen Hauch hoch schwebender Wolken wiederzugeben? Und erzielte der Maler dies auch, es wäre doch nur wenig erreicht, weil er immer nur einen Moment fixiren könnte. In Wirklichkeit wechselt das Bild in jedem Augenblick. Hier flammt es auf, dort lagern sich Schatten über den strahlenden Horizont; ein Werden und Vergehen von wundersamer Schönheit! Die Dämmerung macht schnelle Fortschritte. Noch glüht der Himmel im Westen, aber das Licht des Saturns ist bereits erkennbar, und schon leuchtet das Meer im Mondenglanz, während die Wolken gleich schneebedeckten Bergriesen erstrahlen. Da sendet mir der wachthabende Officier einen Boten, das südliche Kreuz sei zu sehen. Ich eile auf die Commandobrücke, und wirklich, zum ersten Mal erblicke ich jenes Sternenbild des südlichen Himmels. Dasselbe erschien in nicht bedeutender Höhe über dem Horizont als liegendes Kreuz, ein Stern links, die drei weiteren nach rechts gerückt. In der Nähe funkelten zwei andere Fixsterne erster Ordnung. Wohl ist nicht zu verkennen, dass der grosse Bär sowie der Orion schöner sind, als das südliche Kreuz, aber daran dachte ich jetzt kaum. Ich genoss nur den Augenblick. Wer sollte sich, umfächelt von warmer, weicher Luft einer Tropennacht, beim ersten Anblick des südlichen Kreuzes nicht tief ergriffen fühlen! Und ferner die Milchstrasse, glanzvoller und sternenreicher als in unseren Breiten, deren Lichtbogen nur durch dunkle, sternenarme Stellen, die sogen. Kohlensäcke, unterbrochen ist. Dazu gesellen sich noch als für den Nachthimmel der südlichen Hemisphäre besonders charakteristische Gebilde die beiden Kapwolken oder Magellanischen Wolken, die in Gestalt zarter, leuchtender Nebel erscheinen.

Am 2. September sahen wir riesige, vielleicht 50 Fuss lange Wallfische. Ihr gewaltiger Rücken tauchte ganz nahe beim Schiff aus der Fluth empor. Auch Delphine oder Schweinefische zeigten sich in grösserer Zahl.

Bei Tisch wurde in feierlicher Weise der Ereignisse des Jahres 1870 gedacht, und abends erblickten wir das Leuchtfeuer auf der Barre von Bahia. Die nach Süden geöffnete Allerheiligenbai lag vor uns. Nach kurzer Zeit ankerten wir bei Bahia. Raketen und Leuchtkugeln stiegen in die Luft. Die auf der Victoria wohnenden Deutschen beantworteten unseren Gruss sofort. Morgens am 3. September kamen brasilianische Zollbeamte, sowie ein Arzt zur sogen. Visite an Bord. Ich nahm herzlichen Abschied vom Capitän, den Officieren, sowie den Passagieren, welche weiter nach Rio oder Santos gingen, und ein von sechs Schwarzen gerudertes Boot brachte mich an Land.

II. Brasilien im Allgemeinen und die Stadt Bahia sowie Umgebung.

Der portugiesische Seefahrer Pedro Alvares Cabral landete im Jahre 1500 in der Nähe von Bahia an der brasilianischen Küste und nahm das Land am 1. Mai dieses Jahres für die Krone Portugals in Besitz.

Die Portugiesen legten zunächst wenig Gewicht auf das neu gewonnene Land; einen grossen Theil desselben mussten sie im 17. Jahrhundert den Niederländern überlassen, welche sie allerdings im Jahre 1661 schon wieder verdrängten. Brasilien blieb nun lange Zeit völlig abhängig von Portugal. Nach vielen Unruhen wurde 1822 das selbstständige Kaiserthum proclamirt und Don Pedro, ein portugiesischer Prinz, bestieg den Thron. Aber schon im Jahre 1831 musste Don Pedro I. abdanken. Es folgte ihm der zunächst noch minderjährige Don Pedro II. Während der Regierung dieses Kaisers hat das Land manche Unruhen überstehen und namentlich einen ernsten Krieg gegen Paraguay durchmachen müssen. Nachdem bereits im Jahre 1830 zumal unter dem Drucke Englands, die Sklaveneinfuhr aus Afrika nach Brasilien officiell verboten worden war, obgleich sie noch lange im Geheimen fortbestand, sanctionirte der Kaiser 1871 das vortreffliche Sklavenemancipationsgesetz, nach welchem die vom Datum des Gesetzes an von Sklavinnen geborenen Kinder als freigeboren betrachtet und ausserdem Fonds zum Loskauf würdiger Sklaven gebildet werden sollten. Fur die besonderen in Brasilien gegebenen Verhältnisse erschien es in der That von hoher Wichtigkeit, die Sklavenemancipation allmählich durchzufuhren. Dies war auch schon in erheblichem Umfange geschehen, als im Jahre 1888, besonders auf Antrieb der Kronprinzessin Izabel, die Sklaverei ganz urplötzlich völlig abgeschafft wurde. 600.000 Sklaven, die sich besonders in den Provinzen Pernambuco, Bahia und S. Paulo befanden, erhielten in einer Stunde freie Selbstbestimmung, ohne dass ihre früheren Besitzer irgend welchen Anspruch auf Entschädigung erheben konnten.

Als vor 1871 die Sklaverei in fast unbeschrankter Form existirte, war natürlich die Concurrenz der freien Arbeit mit der Sklavenarbeit unmöglich. Die Einwanderung nach Brasilien musste darunter gewaltig leiden. Nach Aufhebung der Sklaverei hat die Übersiedelung von Italienern, Portugiesen und Deutschen nach Brasilien eine bedeutende Förderung erfahren, und für die Entwickelung des grossen Landes ist heute nichts wichtiger als die Heranziehung von Arbeitskräften aus der Ferne. In richtiger Erkenntniss dieser Sachlage beachtet die Regierung in Brasilien die ganzen hier in Betracht kommenden Fragen neuerdings denn auch mehr als früher und wirkte bereits nach mancher Richtung hin günstig. Besonders ist die berüchtigte sogen. „Dienstvermiethung", welche den „Kolonisten" oft völlig in die Hand des Plantagenbesitzers gab, abgeschafft und die Gleichberechtigung aller Confessionen anerkannt worden.

Wer nach Brasilien auswandert, darf sich hier ebenso wenig wie an anderen Orten der Erde dem Wahn hingeben, ein müheloses Leben führen zu können. Der Handwerker, zumal der Bauhandwerker, welcher heute in der Stadt São Paulo sehr gesucht ist, muss sein Fach gut verstehen und tüchtig arbeiten, wenn er zu Wohlstand gelangen will. In den Staaten Santa Catharina und Rio grande do Sul wird nur derjenige Kolonist Glück haben, der gesund und an harte Arbeit gewöhnt ist. Nach einigen sehr mühevollen Jahren bringt er es dann aber auch meist zu einer ruhigen, glücklichen Existenz. Im Staat S. Paulo, wo besonders Einwanderung ländlicher Arbeiter für den Plantagenbau erforderlich ist, bezahlt der Staat die Passage der Einwanderer vom europäischen Hafen bis zur Plantage. Der Besitzer der letzteren stellt dem „Kolonisten" ein Haus sowie einiges Land zur Verfügung. Jede Arbeiterfamilie hat einige Tausend Kaffeebäume zu besorgen, zu reinigen und den Boden vom Unkraut zu befreien, wofür ein bestimmter Lohn bezahlt wird. Der „Kolonist" nimmt Interesse daran, diese Arbeiten recht sorgfältig auszuführen, denn er wird für die Erntearbeiten später nach Maassgabe des Ertrages seiner Bäume belohnt. Italienische Arbeiter, welche heute besonders nach S. Paulo auswandern, haben sich oft auf den Plantagen im Laufe einiger Jahre mehrere Contos erspart. Dies Geld benutzen sie aber meist nicht, um sich eigenen Grundbesitz zu erwerben, sondern sie fangen einen kleinen Handel an oder kehren am liebsten in ihre Heimath zurück.

Der Deutsche verhält sich anders. Wenn sich ihm nur die Möglichkeit bietet, Grund und Boden zu erwerben, bleibt er gern im fremden Lande. Er siedelt sich an und wird dadurch ein wahrer Kolonist. Brasilianer, welche die Entwickelung ihres Vaterlandes aufmerksam verfolgen, wissen alles dies sehr genau. Ich habe oft von ihnen gehört, wie sympathisch ihnen gerade deutsche Einwanderung ist.

Wenn Brasilien die Interessen der deutschen Einwanderer recht energisch wahrnimmt, ihnen, wenn sie es wünschen, guten Boden zur Cultur darbietet, mehr, als es seither geschehen, für Strassen und Eisenbahnbauten sorgt, um die Producte leicht aus dem Innern an die Küste oder in die Städte befördern zu können, und wenn andererseits Deutschland die in Aussicht stehende gesetzliche Regelung des Auswandererwesens in die Hand nimmt, so werden beide Theile nur gewinnen. Unser Interesse muss es vielleicht schon bald sein, der zunehmenden Übervölkerung in Deutschland entgegenzuwirken, denn diese kann die Ursache mancher socialen Missstände in unserem Vaterlande werden.[1] Endlich sei noch bemerkt, dass es von der höchsten Wichtigkeit wäre, wenn sich weit häufiger, als es seither der Fall, deutsche Kriegsschiffe in den brasilianischen Häfen blicken liessen. Wir müssen alles aufbieten, um unsere Interessen in Brasilien zu wahren. Dem Brasilianer imponirt es sehr, wenn schöne, grosse Kriegsschiffe anderer Nationen in seinen Gewässern erscheinen, und für den Fall von Krieg und Revolution im fernen Lande haben wir im Wesentlichen nur die Kriegsschiffe, um unsere Landsleute in Brasilien, wenn erforderlich, wirksam zu schützen. Die Opfer, welche die überhaupt nothwendige Vergrösserung unserer Kriegsmarine verlangt, müssen gebracht werden.

Im Jahre 1889 bereitete sich eine Verschwörung in Brasilien vor, die am 15. November dahin führte, dass der durch edle Gesinnung und hingebende Thätigkeit für das Wohl seines Volkes ausgezeichnete Kaiser Don Pedro II. aufgefordert wurde, das Land in kürzester Frist zu verlassen. Der Kaiser fügte sich.

Die heutige Republik Brasilien bildet eine aus 20 Staaten bestehende Union. Die Union hat über Krieg und Frieden zu entscheiden, ihr fallen gewisse Zolleinnahmen zu, sie verwaltet Post- und Telegraphenwesen. An der Spitze des Bundesstaates steht ein Präsident. Die Person desselben wird durch allgemeine directe Volkswahl für vier Jahre bestimmt. Die Gesetzgebung geschieht durch den Senat und die Deputirtenkammer mit Zustimmung des Präsidenten. Die Einzelstaaten,

---

[1] Zu meiner Freude erfahre ich jetzt, dass das aus dem Jahre 1859 stammende v. d. Heydtsche Rescript, nach welchem die Agenten in Preussen für die Auswanderung nach Brasilien nicht thätig sein durften, ganz neuerdings für die drei südlichen Staaten Rio grande do Sul, Parana und Santa Catharina ausser Anwendung gesetzt worden ist.

an deren Spitze ebenfalls Prasidenten stehen, haben in Brasilien, ähnlich wie in der Union von Nordamerika, eine sehr selbstständige Stellung.

Die neue Verfassung trug dem schönen Brasilien noch nicht viel Glück ein. Man hat das im Lande selbst zumal empfunden, als unter dem Präsidenten Floriao Peixoto im Jahre 1892 die Revolution ausbrach, welche, ursprünglich von Rio Grande do Sul ausgehend, immer grössere Dimensionen annahm und dem Staat tiefe Wunden schlug. Noch heute leidet die Finanzlage Brasiliens gewaltig in Folge dieses Ereignisses. Jetzt ist die Ruhe längere Zeit völlig wieder hergestellt. Der Präsident Dr. Prudente de Moraes, ein kluger, besonnener Mann, scheint es vortrefflich zu verstehen, die zwischen der Militär- und Marinepartei vorhandenen Gegensätze auszugleichen und versöhnend zu wirken. Hoffen wir, dass auch die Zukunft der Republik Brasilien Frieden bringen möge.

Brasilien, nicht völlig so gross wie Europa, hat doch nur ca. 15 Millionen Einwohner. Genaue Volkszählungen giebt es begreiflicher Weise nicht. Es ist für die Beurtheilung zahlreicher Verhältnisse von Wichtigkeit, die schwache Bevölkerung Brasiliens gegenüber seiner enormen Ausdehnung nicht aus dem Auge zu lassen. So fiel mir bei meinen Reisen im Innern z. B. oft die geringe Entwickelung des Ackerbaues auf. Nur hier und dort erblickt man, zumal in den Staaten Bahia oder Minas, vereinzelte Felder; dieselben fehlen selbst dort, wo der Boden sich vortrefflich zur Cultur eignete. Es mangelt eben an der hinreichenden Anzahl von Menschen, welche als Producenten thätig sein könnten.

Die Bevölkerung Brasiliens ist eine sehr bunt zusammengesetzte. Zunächst haben wir auf die Reste der Ureinwohner, welche noch heute in den Urwaldgebieten der Nebenflüsse des Amazonenstromes sowie in den Südstaaten angetroffen werden, auf die Indianer, hinweisen. Ihre Zahl mag sich jetzt nur noch auf etwa eine Million Köpfe belaufen. Sie werden durch die fortschreitende Cultur immer mehr verdrängt. Die Indianer, meist Nomaden, ernähren sich von der Beute der Jagd und Fischerei sowie von den Producten des Waldes. Sie sprechen sehr verschiedene Dialecte; der weitaus verbreitetste ist das Tupi-Guarany oder die Lingua geral. Dieser Dialect soll sehr schön, biegsam und formenreich sein. Die Namen der brasilianischen Flüsse und Gebirge entstammen meist der Tupi-Guarany-Sprache. Der Paraguassú im Staat Bahia ist z. B. der grosse Fluss, aus pará (Fluss) und guaçú (gross) gebildet.

Ein zweiter, sehr charakteristischer Bestandtheil der Bevölkerung Brasiliens wird von den Negern gebildet. Völlig abgeschafft wurde die Sklaverei, wie schon angeführt, im Jahre 1888. Die Neger hatten und haben auch heute in Brasilien eine ganz andere Stellung wie in Nordamerika. Sie werden nicht verachtet; es ist wohlthuend, zu sehen, dass man sie freundlich und wohlwollend behandelt.

Die kaukasische Rasse ist im Lande vertreten durch den eigentlichen Brasilianer und durch eingewanderte Franzosen, Engländer, Portugiesen, Italiener, Spanier, Deutsche etc. Der Brasilianer, obgleich portugiesischer Abstammung und trotzdem die Landessprache das Portugiesische ist, liebt es nicht, wenn man ihn als „Portugiesen“ bezeichnet.

Zwischen den Weissen, Negern und Indianern in Brasilien hat natürlich vielfache Vermischung stattgefunden. Die Indianermischlinge, von denen z. B. in Rio de Janeiro viele Tausende leben, bezeichnet man als Caboclos. Sie verrathen ihre Abstammung noch vielfach durch hervortretende Backenknochen und eigenthümlich straffes Haar. Sehr zahlreich sind die Mulatten, Abkömmlinge von Weissen und Negerinnen, welchen letzteren sie das schwarze, krause, wollige Haar verdanken. Die charakteristische gelbe Hautfarbe der Mulatten und die Beschaffenheit des Haares geht keineswegs immer, aber doch zuweilen, auf die Kinder über, welche sie mit Weissen haben. So lernte ich einen echten

Mulatten kennen, einen sehr kenntnissreichen und liebenswürdigen Mann, der eine Deutsche geheirathet hatte. Die Mädchen aus dieser Ehe gleichen durchaus der Mutter, während dem Sohn der Mulattentypus eigenthümlich ist.

Über manche allgemeine geographische und geologische Verhältnisse Brasiliens verdanken wir dem ausgezeichneten A. Derby werthvolle Angaben. (Vergl. Mittheilungen der geographischen Gesellschaft in Jena, B. 5.) Der grösste Theil des Landes wird von einem Hochplateau von 300 bis 1000 m Erhebung gebildet, das von zahlreichen tiefen Flussthälern durchzogen ist. Nördlich von diesem Hochplateau befindet sich die gewaltige Binnenlanddepression des Amazonenstromes, westlich dagegen das Paraguaybecken, welches theilweise noch zu Brasilien gehört. Nach dem Meere zu wird das Plateau von einem mehr oder minder breiten, tief liegenden Küstensaum begrenzt.

Das Hochland von Brasilien erscheint allerdings auf den ersten Blick sehr gebirgig. In Wirklichkeit stellt es aber im Wesentlichen eine Ebene dar, die von sehr vielen Flussthälern durchschnitten ist. Wahre Gebirge sind nur in den östlichen, sowie centralen Gebieten vorhanden. Die östliche Kette beginnt in der Nähe des Kap São Roque; sie streicht in der Nähe des atlantischen Oceans bis zu den Südgrenzen Brasiliens hin. Die centrale oder Goyazgruppe, welche übrigens mit der Ostkette in Verbindung steht, nimmt einen Theil des Südens des Staates Goyaz und ein Stück des Staates Minas Geraes ein.

Die Ostkette gliedert sich in ihrem mehr nach Süden gelegenen Hauptheil in zwei deutlich von einander geschiedene parallele Stränge, beide von Südwest nach Nordost gerichtet. Der eine Strang, der östliche, ist die Serra do Mar, der andere die Serra da Mantiqueira. Die Serra do Mar hat ihre höchsten Erhebungen im Orgelgebirge bei Rio (2232 m). Der höchste Berg der Serra da Mantiqueira (zugleich der höchste Berg Brasiliens) ist der Itatiaya (2712 m) in der Grenzecke der Staaten Rio de Janeiro, São Paulo und Minas Geraes. Etwas gegen Norden von Rio de Janeiro bildet die Serra da Mantiqueira einen Zweig, welcher unter dem Namen der Serra do Espinhaço bekannt ist. Die wichtigsten Berge sind hier der Itacolumy (1752 m) bei Ouro-Preto und der Pico de Piedade (1783 m) bei Sabará.

Die Basis des grossen brasilianischen Plateaus wird von Felsarten gebildet, die, wie Granite, Gneisse, Syenite und Glimmerschiefer, der laurentischen Formation (Ur-Gneissformation) oder wie Quarzite, Glimmerschiefer, Thonschiefer, Kalksteine etc. dem huronischen Systeme (Ur-Schieferformation) angehören. Wo die Gesteine jüngeren Ursprunges (Sandsteine, Mergelschiefer, Kalksteine etc.) abgetragen worden sind, treten die Gesteine der laurentischen und huronischen Formation auch auf dem Plateau zu Tage. In erster Linie sind sie aber leicht in den Gebirgen zu beobachten. Das laurentische System ist besonders in der Serra do Mar und auch in der Serra da Mantiqueira entwickelt, während derjenige Theil der letzteren, den wir schon als Serra do Espinhaço unterschieden haben, zumal von huronischen Felsarten gebildet wird. Die Gesteine dieser Schichtengruppe, respective die Zertrümmerungsproducte derselben sind an vielen Orten sehr reich an Erzen (z. B. Eisenerzen), Edelmetallen (Gold von Minas und Bahia), sowie Edelsteinen (Diamant von Minas und Bahia, Topas von Minas). Das Gold kommt oft neben Schwefelkies in Quarziten oder im Flusssand vor. Die Diamanten trifft man meist in Kiesen an. Steinkohle besitzt Brasilien wenig; die Qualitat derselben ist auch nicht sonderlich gut.

Zieht man die ausserordentliche Grösse Brasiliens in Betracht, so ist von vornherein klar, dass das Klima in den verschiedenen Theilen des Landes nicht das nämliche sein wird. In Para regnet es am reichlichsten vom Februar bis Mai. Pernambuco hat entschiedene Winterregen. Es regnet hier besonders vom April bis Juli. Auch in Bahia regnet es an der Küste meist im dortigen sogen. Winter, während der Sommer trocken ist. An der Küste von Espirito-Santo und Rio de Janeiro regnet es das ganze Jahr, im dortigen Sommer aber etwas mehr als im Winter. Im Innern von Bahia und südlich im Innern von Minas ist der Winter trocken; der Sommer bringt einigen Regen, welcher aber zumal im zuerst genannten Staate oft sehr verspätet und in nur geringer Quantität fällt. Die mittlere Jahrestemperatur für die Stadt Bahia ist ca. 25° C. Am kältesten ist es hier im Juli (22° C. Monatsmittel), am wärmsten im Februar (27° C. Monatsmittel). Für die Stadt Rio de Janeiro sind die folgenden Angaben zu machen: Jahresmittel 23.8° C., Mittel im Juli 21.2° C., im Februar 26.6° C. Im Innern von Minas hat Lund für Lagoa Santa (19° 40′ s. B.) eine mittlere Temperatur von 20.5° C. ermittelt. In Ouro-Preto, der Hauptstadt des Staates Minas Geraes (20° s. B. und 1100 m Meereshöhe) soll es zuweilen, allerdings sehr selten, schneien. Eisbildung kommt hier öfters vor.

Auf die Vegetation der von mir bereisten Theile Brasiliens komme ich im Laufe unserer Darstellungen eingehender zurück. Hier mögen nur einige allgemein orientirende Bemerkungen Platz finden. Das Amazonasgebiet wird von dichten Urwäldern bedeckt. Diese sogen. Hyläaregion ist überaus reich an herrlichen Pflanzen. Hier wächst der Cacaobaum (Theobroma Cacao) wild. Ausgezeichnete Palmenformen sind die Miritipalme (Mauritia flexuosa) mit grossen fächerförmigen Blättern, die Inajapalme (Maximiliana regia). Als Charakterpflanzen der Hyläa verdienen ferner Erwähnung die kautschukliefernde Siphonia elastica und Bertholletia excelsa, deren Samen als Paranüsse bekannt sind.

Die ostbrasilianische Tropenwaldregion ist besonders in der Nähe der Küste im Gebiet der Serra do Mar bis über den Wendekreis hinaus, aber auch da im Innern des Landes, z. B. am Rio São Francisco, entwickelt, wo Campos- oder Caatingavegetation fehlt. Hier kommt der Topfbaum (die Myrtacee Lecythis Ollaria), ferner Caesalpinia echinata (Rothholz) und Jacaranda vor. Von Palmen sind zu nennen: Geonoma-, Cocos- und Astrocaryumarten. In der Breite von Rio treten in einer Höhe von 200—300 m Baumfarnbestände (Alsophila armata) auf.

Das Hochplateau von Brasilien wird der Hauptsache nach mehr nach Norden in den Staaten Bahia und Pernambuco von Caatingavegetation, im Süden von Campos bedeckt, Pflanzenformationen, denen wir später ganz besondere Aufmerksamkeit zu widmen haben. Nur dort im Innern, wo der Feuchtigkeitsgehalt der Luft und des Erdreichs grösser ist, in Flussthälern, im Gebirge oder in Bodensenkungen, trifft man auch schönen Wald an.

In Südbrasilien, zumal in den Staaten Santa Catharina und Rio Grande do Sul, trifft man vielfach neben ausgedehnten Grasfluren Wälder eines Nadelholzes, Araucaria brasiliana, an. Im Schatten dieser Bäume entwickelt sich als Strauch Ilex paraguaensis, die Maté-Pflanze.

Der Staat Bahia, den ich zuerst besuchte, hat etwa die Grösse von Frankreich, aber nur eineinhalb Millionen Einwohner. Der Staat liegt zwischen 9.55 und 13.15^{0} s. B. und 37.40 und 39.40^{0} w. L. von Greenwich. Er grenzt im Norden an die Staaten Sergipe, Alagòas, Pernambuco und Piauhy, im Westen an Goyaz, im Süden durch den Rio Mucury an den Staat Espirito Santo und an den Staat Minas Geraes und im Osten theils an Sergipe, theils an den atlantischen Ocean.

Der Küstensaum Bahias ist sehr fruchtbar und zum Theil noch heute waldreich. In wechselnder Entfernung vom Meer erhebt sich ein Stufenland, welches allmählich in ein ca. 300 m Meereshöhe besitzendes Hochplateau übergeht.

Dies Innere Bahias, Sertão genannt, wird von Ausläufern der Serra da Mantiqueira, z. B. der Serra do Orobó, die ich auch besuchte, durchzogen. Die Serra do Mar ist hier noch nicht entwickelt; sie beginnt erst weiter südlich. Der bedeutendste Fluss Bahias ist der im Staat Minas Geraes entspringende, 2900 Kilometer lange Rio São Francisco, der bei Paulo Affonso Wasserfälle bildet, die zu den gewaltigsten der Erde gehören. Wichtige Küstenflüsse sind der Paraguassù, der Rio Pardo und der Mucury.

Unser Schiff, die Tijuca, lief, wie schon bemerkt, am Abend des 2. September in die nach Süden geöffnete Allerheiligenbai ein. Der Leuchtthurm auf der Barre wurde passirt, wir fuhren dicht am Lande dahin und warfen in unmittelbarer Nähe der Stadt Bahia, die auch den Namen São Salvador führt, Anker. Bahia liegt unter dem 12.59^{0} s. B. an der Ostseite der herrlichen Bucht. Die Stadt gewährt vom Meer aus einen imposanten Anblick und beginnt eigentlich schon an der Barre, wo der Leuchtthurm steht. Hier ragen die hohen, graufarbigen, oft etwas gebogenen Stämme zahlreicher Cocospalmen empor. Der Seewind spielt in den Blattkronen der Bäume, die uns den ersten Gruss der brasilianischen Tropenwelt darbieten.

Die Linien des hohen Ufers sind nicht gerade sehr mannigfaltig und malerisch, aber der steil zum Meere abfallende Boden ist in üppiges Grün gekleidet und schon vom Schiff aus fallen uns namentlich die Riesenblätter der Bananen auf, die, freilich in Ostindien heimisch, hier doch verwildert kräftig wuchern. Oberhalb dieser grünen Wand zieht sich von der Barre aus gen Norden eine mit prächtigen Landhäusern und Gärten geschmückte Strasse, die Victoria, hin. Sie gehört zur Oberstadt Bahias, die freilich erst ungefähr da, wo unten am Strande die lang gedehnte, aber eine geringe Breite besitzende Unterstadt beginnt, ihre volle Ausdehnung gewinnt.

Meine Ankunft in Bahia hatte ich einem Herrn Dr. de Santos, an den ich empfohlen worden war, gemeldet. Mehr, als ich es sagen kann, bin ich dem ausgezeichneten

Manne und seiner Familie dankbar, für die liebenswürdige Aufnahme in ihrem Hause, für Empfehlungen an Brasilianer und für manchen guten Rath, der mir in dem fremden Lande von grossem Nutzen gewesen ist.

Die Stadt Bahia hat etwa 140000 Einwohner. Wer sie, von Europa kommend, zum ersten Mal besucht, empfängt einen unvergesslichen Eindruck. Gerade dies „erste Mal" ist hier, wie überhaupt auf Reisen, so wichtig. Gewiss kann man die Anschauungen über Land und Leute, wenn man sich längere Zeit an einem Orte aufhält, wesentlich erweitern und erst allmählich ein mehr oder minder richtiges Urtheil gewinnen, aber doch ist der erste Eindruck, wenigstens nach meinen Erfahrungen, sicher von grosser Bedeutung. Man bringt besondere Frische des Auffassungsvermögens mit, charakteristische Einzelheiten werden besser als später wahrgenommen, und man steht allen Erscheinungen objectiver gegenüber.

Eine fremde Welt umgiebt uns hier in der Unterstadt Bahias, von der ich zunächst reden möchte. In allererster Linie überrascht uns der Anblick zahlloser Neger. Etwa 100000 Schwarze wohnen in Bahia; sie bilden also den Hauptbestandtheil der Bevölkerung.

Die Strassen der Unterstadt sind schmal, schlecht gepflastert und zumal bei Regenwetter überaus schmutzig. Jeder Raum wird ausgenutzt, und in den mehrstöckigen Häusern, vor deren Fenstern oft schmale Balcons angebracht sind, finden wir, soweit sie nicht von Negern oder Mulatten bewohnt werden, die Speicherräume und Kontore der Kaufleute. Schon im prächtigen Hafen gewinnt man die Überzeugung, dass Bahia eine bedeutende Handelsstadt sein muss. Schiffe aller Nationen gehen aus und ein. Sie bringen besonders Manufactur- und Eisenwaaren nach Brasilien, während von Bahia aus Tabak, Caffee, Baumwolle, Nutzhölzer etc. verfrachtet werden. Die deutschen Kaufleute spielen hier eine wichtige Rolle;

sie sind sehr angesehen, und um so mehr ist es zu beklagen, dass es noch nicht möglich war, einen deutschen Berufsconsul in Bahia einzusetzen. Als ich drüben war versah der englische Consul diejenigen Geschäfte, welche doch wahrlich einem Deutschen zukommen. Ich musste auf dem Consulat Englisch sprechen, um mich verständlich zu machen. In der Unterstadt befindet sich auch die Post (Correio) und das Börsengebäude. Letzteres wird übrigens wenig benutzt. Die Kaufleute besprechen ihre Geschäftsangelegenheiten meist auf der Strasse, und wenn man in der Rua conseilheiro dantas, einer der Hauptstrassen auf und ab wandert, so erblickt man zumal an der Ecke, wo sich die Buchhandlung von Catilina befindet, Gruppen von Geschäftsmännern in lebhafter Unterhandlung begriffen.

Die Neger in Bahia, welche sich hier zum grossen Theil noch unvermischt erhalten, gehören meist dem Minastamm von der Westküste Afrikas an. Es sind schön gebaute, kräftige Gestalten, die man erblickt. Ein wahres Vergnügen gewährt es, den Männern bei der schweren Arbeit am Hafen, wenn sie Kisten, Fässer und Säcke transportiren, zuzuschauen. Der Oberkörper ist oft völlig entblösst; die tiefdunkle Hautfarbe, das lebhafte Spiel der Muskeln sowie die Kraft und Geschicklichkeit, welche diese Leute beim Bewältigen grosser Lasten entwickeln, sind gleich bewunderungswürdig. Bei vielen Negern fielen mir die herrlichen Zähne auf, welche sie, wie ich hörte, sorgsam pflegen.

Die Frauen tragen weite buntfarbige Röcke und ein tief ausgeschnittenes, oft reich mit Spitzen verziertes Hemd. Rothe Perlenschnüre schmücken die Arme, Ketten verschiedener Art den Hals. Diese Balltoilette steht den kräftigen, schön gewachsenen Gestalten sehr gut. Wenn es regnet hüllen sich die Negerinnen in ein farbenreiches Tuch. Alles was sie zu transportiren haben, z. B. Gemüse, Früchte, tragen sie in Körben auf dem Kopf. Haben die

Frauen ihre Sauglinge bei sich, so werden diese mittelst einer mannigfach geschlungenen Binde hinten auf der Hüfte der Mutter dem Oberkörper derselben so dicht angewickelt, dass nur der Kopf des Kindes sichtbar bleibt. Die kleinen Kinder und alten Negerinnen fand ich stets sehr hässlich. Der Gesichtsausdruck der jungen Frauen gefiel mir zunachst auch wenig; indessen allmählich gewöhnt man sich an den Negertypus und lernt die Eigenartigkeit desselben mehr schätzen. Unter den Mulattinnen giebt es unzweifelhafte Schönheiten, die auch dem Europäer imponiren.

In den Strassen der Unterstadt Bahias, wo Speicher und Kontore der Kaufleute liegen, herrscht am Tage ein reges Treiben. Zweiräderige, mit Maulthieren bespannte Karren eilen über das holperige Pflaster; unter lautem Zurufen werden Kisten und Fässer von einem Ort zum anderen transportirt. Neger, Mulatten und Weisse drängen sich durch einander auf den schmalen Trottoirs, und trotz der hohen Temperatur macht sich überall die Eile des Geschäftslebens geltend. Recht interessant ist auch ein Besuch der Markthallen. Zwischen einer grossen Anzahl kleiner Buden, die dicht beisammen in langen Reihen stehen, laufen schmale Wege, in denen sich morgens zahlreiche Käufer drängen. Man sieht wahre Riesengestalten von Minanegern und -negerinnen, die hier alle möglichen Gemüse, Früchte, Geflügelsorten etc. mit lautem Geschrei, das noch von dem Kreischen buntfiederiger zum Verkauf bestimmter Papageien übertönt wird, darbieten.

Ich habe den Eindruck gewonnen, dass die Schwarzen sich in Bahia wie überhaupt in Brasilien heute recht glücklich und zufrieden fühlen. Der Neger ist im Allgemeinen bescheiden in seinen Lebensansprüchen, wenn er auch zuweilen zu Ausschweifungen neigt. Ich bin tagelang allein mit Negern, die mir als Führer dienten, gereist, und muss gestehen, dass diese allerdings gut empfohlenen Leute mit vieler Aufmerksamkeit für mich sorgten. Unter einander sind die Neger stets hülfsbereit; auch die grosse Liebe der Mütter zu ihren Kindern darf gerühmt werden. Der Tagelohn, den die Schwarzen empfangen, ist recht hoch. Dazu werden sie gut behandelt, was übrigens schon deshalb im Interesse des Arbeitgebers liegt, weil ihn der Neger, da er leicht neue Arbeit findet, im anderen Falle verlassen würde. Die Rücksichtnahme auf solche Verhältnisse geht oft sehr weit und kann sogar für den Reisenden unbequem werden. Einmal kam ich z. B. nach ermüdender, langer Bahnfahrt Abends gegen 9 Uhr nach São Paulo. Ich stieg im Grand Hôtel, welches als eins der besten Gasthöfe Brasiliens gerühmt wird, ab, und bestellte mir warmes Abendessen. Suppe erhielt ich allerdings noch, aber etwas gekochtes oder gebratenes Fleisch war nicht mehr zu bekommen. Man erklärte mir einfach, dass diese Speisen nur bis 8 Uhr servirt werden könnten, da die Küche um diese Zeit geschlossen würde. Derartiges ist mir mehrfach vorgekommen. Der Grund dafür liegt eben darin, dass die Gasthofbesitzer, übrigens ebenso die Hausfrauen, keine hohen Anforderungen an ihre Köche stellen können, weil dieselben sich sonst einen anderen Dienst suchen. Mich wundert nur, das man den Köchen in grossen Hôtels Extraarbeit nach 8 Uhr nicht besonders vergütet, um den Ansprüchen hungeriger und ermüdeter Reisenden zu genügen.

Die Vorfahren der heute in Brasilien lebenden Schwarzen sind mit Gewalt ihrer afrikanischen Heimath entrissen worden. Man hat sie wie Thiere zusammengetrieben, an die Küste geschleppt und nach Brasilien transportirt. Wer könnte den Jammer und die Noth, welche diese armen Menschen unter der Hand brutaler, geldgieriger Sklavenhändler erdulden mussten, schildern! Eine schöne Fügung ist es, dass die Nachkommen jener Sklaven sich jetzt in Brasilien ihres Lebens freuen dürfen.

Der Neger ist, wie gesagt, im Allgemeinen bescheiden in seinen Lebensansprüchen. Er arbeitet nur so viel und so lange in der Woche, bis er Geld genug erworben hat, um leben zu können. Die Frauen erwerben gern weitere Mittel, die sie zum Ankauf von Schmuckgegenständen verwenden. Die Wohnungen der Neger sind eng und meist ärmlich eingerichtet. Bei Bahia sieht man auch ausserhalb der eigentlichen Stadt viele Negerhütten, die von einem verwilderten Gärtchen umgeben sind, in welchem Bananen, Maniok und schwarze Bohnen cultivirt werden. Orangen, Bananen, schwarze Bohnen sowie Farinha aus der Maniokwurzel bilden sehr wichtige Nahrungsmittel der Neger, die leicht zu produciren oder billig zu kaufen sind. Für die Kleidung braucht der Arbeiter in den Tropen nicht viel aufzuwenden. Wer aber Wohnung, Nahrung und Kleidung seinen Ansprüchen gemäss besitzt, wird schon einigermaassen zufrieden sein, zumal wenn er einem auf niederer Culturstufe stehenden Volksstamme angehört.. Gerade der Mangel höherer, allgemein verbreiteter Cultur und nicht minder die günstigen klimatischen Verhältnisse des Landes bedingen es denn auch, dass man von socialdemokratischer Gesinnung in Brasilien nichts bemerkt.

In den hoch entwickelten Culturstaaten Europas ist die socialdemokratische Bewegung eine Folge der materiellen, sittlichen und intellectuellen Noth breiter Volksmassen. Wer objektiv blickt, wird erkennen, dass diese drei Factoren zusammen wirken, um der bezeichneten Bewegung neue Nahrung zu geben, und dass sich zu ihnen noch die in weiten, aber keineswegs allein socialdemokratischen Kreisen herrschende geringschätzende oder gar verächtliche Behandlung religiöser Fragen sowie eine allgemein verbreitete, zum Theil durch die Cultur selbst erzielte übertriebene Steigerung der Lebensansprüche gesellen. Unsere europäische Cultur, so schöne Blüthen sie auch getrieben haben mag, ist gewiss für viele Schäden verantwortlich zu machen, unter denen die Menschen schwer leiden. Die Zukunft liegt heute, mehr denn jemals, gleich einem Buche mit sieben Siegeln vor uns.

In Brasilien empfindet die sogen. arbeitende Klasse keine allgemeine Noth. Geistige Bedürfnisse kennt dieselbe kaum, und alles, was nach dieser Richtung gefordert wird, bietet die Religion in zusagender Form. Der Neger z. B. ist ein guter Katholik; er mag es wohl dunkel empfinden, dass der Mensch irgend etwas besitzen muss, was ihn über die Alltäglichkeit erhebt.

Brasilien ist ein Land der Halbkultur, aber die Menschen sind dort — natürlich stets im Allgemeinen genommen — glücklicher als bei uns, wenigstens fühlen sie sich subjectiv glücklicher. Bei uns viel Unzufriedenheit; dort Freude am Dasein. So wird der Satz arg erschüttert, nach welchem das Glücksbewusstsein in einem Volke in directem Verhältniss zu seiner Cultur und der Intelligenzstufe der Gesammtheit stehen soll. Gerade das Gegentheil scheint richtig zu sein. Und wenn dem so wäre, wozu dann unser Streben nach höherer Cultur, wozu die Schule, die Kunst, die Wissenschaft? Nun, einmal muss die Menschheit in Folge eines inneren Triebes, der unaufhaltsam weiter drängt, und der zuweilen in gewaltigen Persönlichkeiten zu kraftvollstem Ausdruck gelangt, immer vorwärts, mag sie wollen oder nicht. Ferner aber dürfen wir auch bewusst und freudig an der Culturarbeit theilnehmen, weil dieselbe zunächst wenigstens Einzelnen wirklich Glück im höheren Sinne bringt, gewisse sociale Missstände, z. B. die Sklaverei, thatsächlich durch sie beseitigt werden, und weil die Cultur, wie wir meinen, die Völker schliesslich doch zu einer so hohen Stufe, namentlich auch der sittlichen Entwickelung führen wird, dass jenes Glück im höheren Sinne dann von der Allgemeinheit empfunden werden kann. Die an dieser Stelle gestreiften interessanten Fragen sind sehr verwickelter Art, können hier aber nicht näher verfolgt werden. So viel ist indessen sicher, dass höhere Cultur und gesteigertes Glück der Völker keineswegs immer Hand in Haud gehen.

Bald nach meiner Ankunft in Bahia führte mich Dr. de Santos in das Hôtel Sul-Americano, welches dem weniger guten Hôtel de Paris in der Oberstadt am Theaterplatz gerade gegenüber liegt. Fur ein Zimmer und volle Beköstigung (exclusive Wein), bezahlt man hier, wie überhaupt in den grosseren Gasthäusern Brasiliens, pro Tag 10 Mill, also ca. 9 Mark.

Um von der Unterstadt in die Oberstadt zu gelangen, kann man verschiedene Wege einschlagen. Die beiden Theile Bahias sind zunächst durch einige steil ansteigende Strassen mit einander verbunden. In denselben erblickt man zahlreiche von Maulthieren gezogene Karren, zuweilen auch elegante Vierspänner, die mit rasender Geschwindigkeit fahren. Tragstühle, in denen sich Personen transportiren liessen, habe ich nur selten gesehen. Sehr bequem ist es, um von gewissen Theilen der Unterstadt in die Oberstadt zu gelangen, die Drahtseilbahn zu benutzen, die an einem steilen, ganz mit grossblumigen Convolvulaceen und Cecropien bedeckten Hang erbaut ist. Endlich darf der viel in Anspruch genommene Elevator (Fahrstuhl) ganz in unmittelbarer Nähe des Postgebäudes nicht vergessen werden, der uns in kürzester Frist in die Oberstadt befördert. Köstlich ist der Blick von der oberen Elevatorstation auf die Unterstadt, die herrliche Allerheiligenbai und auf die zahlreichen Schiffe im Hafen von Bahia.

Die Oberstadt besteht in ihrem Hauptheil aus einem Gewirr von Strassen, Gasschen und Plätzen. Manche Strassen sind recht breit, ziemlich gut gepflastert und zum Theil mit bunt angestrichenen Häusern besetzt. Strassenbahnen eilen nach verschiedenen Richtungen durch die Stadt. Die Wagen werden von Maulthieren gezogen, welche unter der rücksichtslosen Behandlung ihres Lenkers, der sie durch Schläge mit einem breiten Lederriemen antreibt, viel zu leiden haben. Wie oft habe ich diese armen, gehetzten Thiere bedauert. Die Wagen sind mit einem Dach versehen, sonst offen. Gegen Regen oder die Sonnengluth kann man sich durch Vorhänge von grobem Stoff schützen. Die Bänke sind in den Wagen parallel zu den die Räder verbindenden Achsen angebracht. Der Verkehr auf den Strassenbahnen Bahias ist ein sehr lebhafter. Man kommt schnell vorwärts; nur war mir in den oft überfüllten Wagen manches Mal der intensive Moschusduft, den besonders die Frauen, Negerinnen sowie Weisse, ausströmen, unangenehm.

Aus dem Gewirr der Häuser ragen einige grössere oder schönere Gebäude hervor, z. B. Verwaltungsgebäude, das Krankenhaus, höhere Lehranstalten, Fabrikanlagen, Klöster und Kirchen. Im Franciscanerkloster bin ich selbst gewesen. Der ausgedehnte Hofraum desselben, durch einen Brunnen und schön blätterige Pflanzen geschmückt, wird von Gebäuden umgeben, deren Aussenwände mit blauen und weissen Fayenceplatten bedeckt sind. Ein prächtiger Raum birgt die Bibliothek, indessen so stattlich die Bücherreihen von aussen ausschauen, ebenso traurig ist der Anblick, den man beim Aufschlagen der Folianten empfängt. Die Blätter sind zum grossen Theil von Insekten zerfressen; sie haften fest auf einander und erscheinen brüchig wie dünnes Glas. Den fleissigen Mönchen wird es schwer gelingen, den Schaden auch nur einigermaassen wieder gut zu machen. Diese Franciscanermönche stehen in Bahia im besten Ansehen. Es sind meist Deutsche, welche sich die Aufgabe stellen, tüchtige, sittenstrenge Geistliche für das Land heranzubilden. Ich glaube, dass sich jetzt etwa 30 Deutsche in dem Kloster auf ihren künftigen Beruf vorbereiten. Die Klosterkirche ist mit Holzschnitzerei ganz überladen.

In Bahia lernte ich bald verschiedene Herren kennen, die sich mir sehr gefällig zeigten, namentlich Herrn Diniz-Gonsalves und den Vertreter des sehr hervorragenden

Handlungshauses Ottens, Herrn Weber. Letzterer lud mich ein, sein Gast zu sein, und so vertausehte ich denn die Wohnung im Hôtel mit derjenigen in einem kleinen Paradies auf der Victoria.

Die Victoria streckt sich im südlichen Theil Bahias auf dem hohen Ufer am Meere hin. Sie beginnt am Campo grande, einem sehr grossen Platz, der jetzt, nachdem das Monument zur Erinnerung an die Unabhängigkeitserklärung Brasiliens fertiggestellt ist, durch Anlagen geschmückt wird, und führt in der Richtung nach der Barre zu. Auf der Victoria sowie dem Campo grande erblickt man prächtige Villen mit schönen Gärten, die von wohlhabenden Portugiesen, Engländern und Deutschen bewohnt werden. Hier sieht man hoch ragende Palmen und Araucarien in den Gärten, buntblätterige Coleus- und Crotonsträucher in Menge, Orangenbäume mit herrlich duftenden Blüthen, Rosen, die stets Blätter tragen und während des ganzen Jahres blühen, Poinsettia pulcherrima (Familie der Euphorbiaceen), deren gelbe Blüthen von rothen Hochblättern umgeben sind. Neben vielen anderen Pflanzen entzückte mich noch besonders die Bougainvilleae (Familie der Nyctaginiaceen). Später habe ich diese Pflanze, deren holziger, oft dicker Stamm mehr oder weniger klettert, im Urwald wachsend gefunden. Die Blüthen sind unscheinbar, aber sie werden von drei meist rosafarbenen Hochblättern umgeben. Man denke sich den wundervollen Anblick eines Gewächses, welches so dicht mit prangenden Blüthenständen bedeckt ist, dass man nur noch wenig von den grünen Blättern erblickt. Namentlich ist das Bild ein herrliches, wenn die blühenden Bougainvilleaeen derartig gruppirt sind, dass sie sich von einem aus grünem Laub gebildeten Hintergrund abheben. Zur Herstellung von Grasplätzen, wie man sie auf dem Campo grande oder in den benachbarten Gärten sieht, und wie sie auch sonst oft in Brasilien, z. B. Rio, São Paulo, Campinas, angetroffen werden, kann man zarte

Gräser der Sonnengluth wegen nicht verwenden. Wohl aber eignet sich vortrefflich ein Gras mit bandartigem, schmalem Stengel, Stenotaphrum glabrum, das sich leicht ausbreitet und bei der Anlage von Rasenplätzen nicht ausgesäet, sondern ausgepflanzt wird. Das Gras wächst nicht in die Höhe, vielmehr schmiegt es sich dem Boden ganz dicht an und hüllt denselben in hübsches Grün.

Das Haus des Herrn Ottens auf der Victoria, in welchem ich wohnte, ist ganz nach europäischer Art eingerichtet. Sehr zweckmässig erschien es mir, dass man das Speisezimmer mit Rücksicht auf die in Bahia herrschende Hitze in den geräumigen Keller verlegt hatte. Wir nahmen um 6 Uhr abends die Hauptmahlzeit ein. Angenehm war dann später der Aufenthalt auf einer Veranda, von der aus man einen herrlichen Blick auf das weite Meer geniesst. Diese Kühlung bringenden Abende in den Tropen sind köstlich, zumal in so schöner Umgebung. Etwa um 8 Uhr macht man Besuche bei befreundeten Familien. Überall findet man die liebenswürdigste Aufnahme und wird zu längerem Verweilen eingeladen. Ich habe solcher Aufforderung oft Folge geleistet, oder auch den Rest des Abends im deutschen Club verbracht. Mit grosser Freude erinnere ich mich der Stunden, die ich hier im Verein mit vortrefflichen, welterfahrenen Männern verlebte, oder anderer, in denen sich eine fröhliche Gesellschaft geschmückter Damen und Herren zu lustigem Tanz im Club einfand.

Mehr, als alles andere, fesselte mich aber die wundervolle Vegetation in unmittelbarer Nähe Bahias. Unter dem gleichzeitigen Einfluss grosser Feuchtigkeit und hoher Temperatur vermag die Pflanzenwelt in dieser Tropengegend eine Lebensfülle, Kraft sowie Schönheit von bezaubernder Wirkung zu entfalten.

Nicht weit vom Campo grande in der Oberstadt befindet sich ein öffentlicher Garten, Passeio publico, den ich gleich am ersten Tage und sehr oft auch später besuchte.

Er dehnt sich hart am Rande des hohen Ufers aus. Man vernimmt das Rauschen des Meeres, und das über die blaue Fluth schweifende Auge erblickt in der Ferne die Insel Itaparica. Am Eingang des Gartens stehen herrliche, hochragende Palmen, mächtige Exemplare von Oreodoxa oleracea. Wie glücklich war ich, als ich bei einer Reise durch Norditalien die ersten im freien Lande wurzelnden Palmen sah, aber wie zwergenhaft standen diese nun in meiner Erinnerung beim Anblick ihrer gewaltigen Verwandten in den Tropen vor mir. Für den Nordländer umschwebt die Palme eine eigenartige Poesie. Wenn wir von Palmen reden hören, so versetzt uns die Phantasie zugleich in ein Land von wundersamer Schönheit. Unendliche Lichtfülle, strahlender Sonnenglanz, höchste Lebensenergie entfalten sich vor unseren Augen. Und wahrlich, eine himmelanstrebende Palme, die ihre gewaltige Blattkrone im blauen Aether ausbreitet, ist etwas Köstliches; ein Bild voll majestätischer Ruhe wirkt überwältigend auf das Gemüth des Menschen ein. Unvergessliche Stunde, in der ich dich Symbol der Tropenwelt zum ersten Mal in unmittelbarer Nähe schaute!

Oreodoxa oleracea stammt ebenso wie die nicht leicht von ihr zu unterscheidende Oreodoxa regia (Königspalme) aus Westindien. Sie gehört zu den Fiederpalmen und besitzt einen ziemlich glatten, oft mit Krustenflechten bedeckten Stamm von grauer Farbe, der keine auffallenden Blattreste trägt, wie es z. B. bei Phoenix dactylifera (Dattelpalme) der Fall ist.

Sehr merkwürdige Gewächse des Passeio publico sind die Pandanuspflanzen, deren Heimath in den Tropenländern der östlichen Hemisphäre zu suchen ist. Diese Bäume von ca. 20 Fuss Höhe besitzen einen holzigen, oben verzweigten Stamm. An den Zweigenden sitzen in Büscheln lange schmale Blätter mit stachelig gezähntem Rand, während recht hoch über dem Erdboden vom Hauptstamme dicke Wurzeln ausgehen, die, indem sie bis in den Boden hineinwachsen, gleich Säulen wirksam sind und dem Organismus als Stützen dienen.

Den Hauptheil des Gartens nehmen tiefen Schatten spendende Baumreihen von Mangifera indica mit mächtigen Stämmen und weit gestreckten, ziemlich horizontal gerichteten Åsten, von Artocarpus brasiliana und Tamarindus indica ein. Mangifera indica ist der aus Ostindien stammende und zur Familie der Anacardiaceen gehörende Mangobaum. Seine gestielten, derben Blätter erreichen eine Länge von ca. 20 cm und werden etwa 5 cm breit. Die ziemlich grosse Steinfrucht, welche in Bahia im November reift, schmeckt etwas nach Terpentinöl; indessen man gewöhnt sich bald an diesen Geschmack, so dass die „Mango" zu den köstlichsten Erzeugnissen der Tropen gezählt werden darf. Artocarpus brasiliana trägt ca. 15 cm lange und 10 cm breite Blätter, deren Rand schwach umgebogen ist. Die Blätter sind ungetheilt, gleich denen von Artoc integrifolia, einem in Ostindien heimischen Baume, der aber seiner riesigen, 10—15 Kilo wiegenden Sammelfrüchte (Jaccafrüchte) halber oft in Brasilien cultivirt wird. Aus dem nämlichen Grunde pflanzt man hier oft die Brotfruchtbäume der Südsee (Artocarpus incisa) mit eingeschnittenen, fiederlappigen Blättern an. Die zu den Caesalpiniaceen gehörende Tamarinde endlich stammt aus dem tropischen Afrika und Asien. Ihr zartes aus gefiiederten Blättern gebildetes Laub bildet einen schönen Contrast zu den derben Blättern der genannten Bäume. Die Samen in den ca. 15 cm langen Hülsen der Tamarinde sind in eine dunkelfarbige Pulpa von süsssäuerlichem Geschmack eingebettet, aus der man einen Saft bereitet, welcher, mit Wasser vermischt, ein köstliches, kühlendes Getränk darstellt, an dem ich mich oft nach heissen Wanderungen labte.

Im Passeio publico und in anderen Gärten Bahias werden auch manche Orchideen cultivirt, besonders die in Brasilien heimischen.

In den Urwäldern des Landes trifft man zahlreiche Repräsentanten dieser merkwürdigen Familie an, zumal solche, welche auf den Bäumen wachsen und zum Theil mit herrlich duftenden, überaus sonderbar gestalteten, buntfarbigen, grossen Blüthen geschmückt erscheinen. In Brasilien sind namentlich folgende Orchideengattungen vertreten: Cattleya, Stanhopea, Oncidium, Laelia, Vanilla, Epidendrum.

Die Orchideen können als Saprophyten, die ihre Nahrung dem Humus des Bodens entziehen und sehr chlorophillarm sind, als Erdbewohner mit grünen Blättern (in Brasilien fand ich bei Rio z. B. eine hier her gehörende Habenaria) und als Epiphyten unterschieden werden. Gerade die letzteren erfreuen sich in den Tropen einer weiten Verbreitung. Sie befestigen sich mittelst ihrer Wurzeln auf der Rinde von Baumstämmen oder dünnerer Baumäste, aber sie entziehen den Gewächsen, auf denen sie leben, nicht etwa, wie die Parasiten, Nahrung, sondern dieselben dienen ihnen nur als Standort. Die Ernährung vermitteln die grünen Blätter sowie die Wurzeln, welche Wasser und auch Mineralstoffe (letztere besonders aus dem angewehten Staub) aufnehmen. Die Verzweigung der epiphytisch lebenden Orchideen ist eine sympodiale. Auffallend erscheint es, dass jene, die häufig sehr derben oder fleischigen, in vielen Fällen nur zur Regenzeit vorhandenen, später abfallenden Blätter tragenden Stengeltheile zu grossen Knollen anschwellen, die als Reservestoffbehälter für Wasser sowie organische Stoffe dienen. Die Knollen stehen weiter von einander entfernt oder sind sehr nahe zusammen gedrängt, je nachdem der untere, nicht angeschwollene Theil der Jahrestriebe länger oder kürzer ist. Die oft lang herabhängenden Luftwurzeln der epiphytischen Orchideen sind von einem mehrschichtigen, aus der Epidermis hervorgehenden und aus Tracheiden bestehenden Gewebe umgeben, welches man Velamen nennt. Führen die Zellen desselben Luft, so erscheint die Farbe der Wurzeln weisslich. Haben dieselben aber Thau- oder Regenwasser aufgesogen, welches weiterhin für die Lebensthätigkeit des ganzen Organismus verwerthet werden kann, dann nehmen die Wurzeln eine grünliche Farbe an, weil nun ihr vom Velamen umschlossenes chlorophyllhaltiges Rindengewebe, das für die Assimilation der Pflanze eine gewisse Bedeutung besitzt, durchschimmert.

Eine Mittelstellung zwischen den erdbewohnenden und den epiphytischen Orchideen nehmen manche Vanillaspecies ein, da sie freilich im Boden wurzeln, aber doch hoch in die Bäume klettern und sich hier mittelst ihrer Wurzeln befestigen.

Der Passeio publico ist noch reich an manchen anderen Pflanzen. Schöne Gebüsche buntblätteriger Coleus- und Crotonarten erfreuen das Auge; man sieht merkwürdige baumförmige Opuntien mit flachen Stammgliedern, und sehr beglückt war ich über einen Cacaobaum (Theobroma Cacao), der viele Früchte trug. Dieser Baum, der in Brasilien heimisch ist, kann eine Höhe von 12 m erreichen. Seine Blätter sind ca. 25 cm lang, seine in sehr eigenthümlicher Weise aus dem Stamm sowie den Zweigen hervortretenden Blüthen erreichen aber nur eine geringe Grösse, während die röthlichen oder hochgelben Fruchte 20 cm lang werden können. Die Blüthen entwickeln sich aus unter der Rinde verborgenen sogen. „schlafenden Augen". Ihre Stammbürtigkeit, die übrigens bei den Blüthen mancher Tropenpflanzen vorhanden ist, hat wohl insofern Bedeutung, als sie dadurch für jene die Bestäubung vermittelnden Thiere recht sichtbar und nicht durch Laub versteckt sind. Der Cacaobaum blüht, ebenso wie viele Gewächse der Tropenländer, während des ganzen Jahres. Man sieht Bluthen und reife Früchte an einem Stamm. Die Pulpa der Frucht, in der die fettreichen, Theobromin enthaltenden, mit grossen Cotyledonen ausgestatteten Samen ruhen, wird in Brasilien zuweilen als Erfrischungsmittel genossen. Im Suden des Staates Bahia, und zwar in der Nahe von Cannavieiras, hat die Firma Ottens seit einiger Zeit eine Cacaoplantage angelegt, die aus vielen Stammen besteht. Die gewonnenen Samen werden entweder einfach getrocknet (ungerotteter Cacao) oder in bedeckten Haufen, resp. in Kisten oder Fässern einem eigenthumlichen Gahrungsprocess unterworfen, wodurch die auf solche Art gewonnenen „gerotteten“ Bohnen einen hohen Grad von Aroma erlangen. Ein Cacaobaum liefert jahrlich nur ca. 2 Kilo Samen. Die Pflanze gedeiht am besten in Flussthälern, wo ihr lockerer, fruchtbarer Boden zur Verfugung steht.

Verlassen wir den Passeio publico und wandern wir auf einem der ziemlich schmalen Wege weiter, die zum Meeresstrande hinabführen, so erblicken wir zu beiden Seiten des Pfades sowie am steilen Uferrande eine aus den verschiedenartigsten Bäumen, Buschen, Stauden und Kräutern zusammengesetzte, uberaus uppige Vegetation. Der Erdboden ist nur dort sichtbar, wo der Fuss des Menschen die Pflanzen niedergetreten hat. Die Gewächse wuchern mit ungeahnter Kraft und Schnelligkeit; eine Fülle noch nie gesehener Formen der Verzweigung, der Blätter und Blüthen wirkt fast beängstigend auf das Auge des Botanikers ein, der gekommen ist, um an der unversiegbaren, wundersamen Quelle des Lebens der Tropen seine Kenntnisse zu erweitern.

Hier und an anderen Orten in der Nähe der Stadt sieht man zahlreiche Musapflanzen, oft undurchdringliche Gebüsche bildend. Die Musaarten (Musa paradisiaca und M. sapientum) stammen allerdings aus Ostindien, wuchern aber bei Bahia verwildert wie Unkraut und werden in ganz Brasilien vielfach cultivirt. Man erblickt oft ausgedehnte Bananenpflanzungen, in denen die einzelnen Gewachse regelmässig gruppirt sind. Auch in der Nähe jeder Hütte werden Bananen sicher angetroffen. Die Bananenpflanzen haben einen Wurzelstock, aus dem die oberirdischen Organe hervorsprossen. Die mit sehr starkem Mittelnerv versehenen Riesenblätter von zuweilen 12—14′ Länge und 2′ Breite besitzen mächtige Scheiden, welche zu einem Scheinstengel zusammen schliessen. Der Blüthenstand ist endständig an einem vom Wurzelstock entspringenden Schaft entwickelt. In der Achsel eines jeden der braunrothen Deckblätter stehen meist viele Blüthen. Nur am unteren Theil des Blüthenstandes finden sich fruchtbare weibliche Blüthen, deren Fruchtknoten sich zur Banane, einer Beerenfrucht, ausbildet. Dieselben stellen für viele Bewohner der Tropengegenden eines der wichtigsten Nahrungsmittel dar. Fast während des ganzen Jahres giebt es geniessbare Früchte, und wenn die Fruchtschäfte nach der Reife der Bananen abgestorben sind, treiben neue aus dem Wurzelstock hervor. Musa paradisiaca liefert die grosse Banana da terra, welche man in Bahia vielfach gebacken isst, in welcher Form sie vortrefflich schmeckt. Die Frucht von M. sapientum ist kleiner und süsser; man geniesst sie meist im rohen Zustande.

Jeden Reisenden muss es überraschen, wenn er sieht, dass die etwas älter gewordenen Musablätter stets in Folge der zerstörenden Wirkungen von Regen und Wind vielfach zerrissen erscheinen, und die einzelnen herabhängenden Blattlappen nur noch durch den starken Mittelnerv zusammengehalten werden. Sachs hat darauf hingewiesen, dass diese Erscheinung eine Folge des bekannten fiederförmigen Verlaufes der Seitennerven, sowie des Mangels einer Säumung des Blattrandes durch entsprechend gruppirte Nerven ist, wie man einer solchen so vielfach bei anderen Blättern begegnet. Aber wenn wir den Anschauungen Stahls folgen, so müssen wir das Zustandekommen des erwähnten Zerreissens doch als einen Process betrachten, der für das Leben der Musapflanze von Wichtigkeit ist. Sehr grosse Blätter bedürfen einer überaus entwickelten, kräftig gebauten Nervatur, wenn sie sich dem Einflusse meteorischer Wirkungen gegenüber durchaus widerstandsfähig erweisen sollen. Die Ausbildung einer solchen Nervatur beansprucht bedeutenden Materialaufwand, und die sparsame Natur hat es daher vorgezogen, die Musablätter in ganz anderer Art zu organisiren. Freilich ist dadurch das Riesenblatt nicht vor dem Zerschlitztwerden geschützt, indessen die einzelnen herabhängenden Blattlappen sind in Folge der erlangten vertikalen Stellung vor weiterer völliger Vernichtung bewahrt, und ihr grünes Gewebe bleibt noch lange assimilatorisch thätig.

Hier dürfte wohl der geeignete Ort sein, einige allgemeine Bemerkungen über die Lebensthätigkeit der grünen Laubblätter der Gewächse einzuschalten, die zum Verständniss mancher Ausführungen dieser Schrift beitragen werden.

Das Laubblatt hat in erster Linie die Aufgabe, assimilatorisch zu wirken. Es erzeugt aus dem ihm zuströmenden Wasser und aus der durch die Spaltöffnungen eingedrungenen Kohlensäure der Luft unter dem Einfluss des Sonnenlichtes organische, stickstofffreie Substanz (Zucker, Stärke), die dann weiter für den Aufbau der Zellen des Organismus Verwendung findet. Nur die grünen, die sehr kleinen Chlorophyllkörper enthaltenden Blattzellen sind zu dieser Assimilationsarbeit befähigt. Sie erscheinen zu zarten Gewebecomplexen verbunden, die in der Mehrzahl der Fälle durch die festeren, netzförmig angeordneten Nerven in einem ausgespannten Zustande erhalten werden, während die Nervatur der Musablätter allerdings, wie bemerkt, eine andere ist. Aus einem Theil des producirten Zuckers und aus Stickstoffverbindungen, die dem Boden entstammen, bildet das Blatt ferner Eiweissstoffe, und man sieht also, wie das Blatt das Ernährungsorgan der grünen Gewächse darstellt.

Nicht minder wichtig erscheint die transpiratorische Thätigkeit der Blätter. Ihre Oberfläche ist zumal an der

Unterseite mit zahlreichen kleinen Öffnungen, den Spaltöffnungen, versehen, aus denen Wassergas austreten kann. Zum Ersatz des verdunsteten Wassers strömt neue Flüssigkeit nach, die von den Wurzeln aus dem Boden aufgenommen wurde und sich von unten nach oben in der Pflanze bewegt. Diese Transpiration kann freilieh, wenn kein genügender Nachschub von Wasser möglich, das Welken, ja selbst das Vertrocknen der Gewächse zur Folge haben; indessen unter normalen Verhältnissen musss die Transpiration doch als ein für das Leben des Organismus höchst wichtiger Process bezeichnet werden. Es kommt nämlich darauf an, gewisse im Boden vorhandene Salze, die bei der Assimilation, sowie der Eiweissbildung in den Blättern eine bedeutungsvolle Rolle spielen, schnell in hinreichenden Quantitäten an die Orte des Verbrauchs zu transportiren. Dies ermöglicht die Transpiration. Durch sie wird die rasche Wasserströmung im Organismus eingeleitet, welche den Blättern nicht nur das den Boden entzogene Wasser, sondern zugleich auch die in demselben aufgelösten Salze schnell zuführt.

Weit verbreitet ist bei Bahia Ricinus communis, eine Pflanze, die geradezu als Unkraut in Gärten und in Feldern gefürchtet wird. Ganz ähnliche handförmig gelappte Blätter, wie Ricinus, trägt ein anderes bei Bahia vielfach vorkommendes Gewächs, Carica Papaya (Melonenbaum). Die zweihäusige Pflanze producirt kopfgrosse, wohlschmeckende Früchte und einen Milchsaft, der ein pepsinartiges Ferment in erheblicher Menge enthält.

In den Hecken erblickt man überall Convolvulaceen mit herrlich schimmernden, sehr grossen weissen oder rothen Blüthen, blaublüthige Tradescantien, sowie Mirabilis in besonders grosser Menge. Ebenso wie die Blüthen erfreuen prächtige Blattformen das Auge. So z. B. fallen in dieser Beziehung die Marantaarten auf, deren Blattstiel an seinem Ende eine eigenthümliche gelenkartige Verdickung trägt, welche die Spreite zur Nachtzeit in Folge ihrer Reizbarkeit aus der horizontalen Tagesstellung in eine verticale Stellung überfuhrt. Mit Interesse begrusste ich die an manchen Orten reichlich vertretenen Caladien. Diese Pflanzen cultivirt man bei uns wegen ihrer schön geformten, grossen, grün, weiss und roth gefleckten Blätter oft in Gewachshäusern. Hier bei Bahia und überhaupt in recht feuchten Tropengegenden gedeihen solche Gewächse in vielen Formen wild, und ich sah auf meinen Reisen in Brasilien auch in mannigfaltiger Art gefärbte Blätter von Dioscoreen, Tradescantien, Melastomaceen und Begonien. Gerade dann, wenn die Gewächse von sehr wassergasreicher Luft umgeben werden, ist die Beförderung ihrer Transpiration von besonderer Wichtigkeit, damit die aus dem Boden aufgenommenen Mineralstoffe schnell genug zu den Orten des Verbrauchs gelangen. Wir dürfen mit Stahl annehmen, dass die rothen und weissen Farbentöne, welche viele Blätter zeigen, eben den Sinn haben, die Wasserverdunstung zu begünstigen, während bei rein grün gefärbten Blättern sehr feuchter Standorte, anderweitige Einrichtungen, die den nämlichen Zweck einer schnellen Mineralstoffbewegung anstreben (z. B. die den buntblätterigen Pflanzen freilich auch nicht völlig mangelnden Apparate zur Wasserausscheidung) in den Vordergrund treten. Roth gefärbte Blatttheile erwärmen sich unter dem Einfluss der Sonnenstrahlen stärker als grüne, und weisse Blattstellen kuhlen sich in der Nacht relativ langsam ab. Jene sowie diese wirken also, allerdings in sehr verschiedener Art, auf eine erhöhte Temperatur der Blätter im Vergleich zu derjenigen ihrer Umgebung hin, und dadurch wird die Transpiration der Pflanzen, resp. die Mineralstoffbewegung in denselben beschleunigt.

Auch die vorhin erwähnte nächtliche Verticalstellung der Blätter, der wir nicht nur bei Marantaceen, sondern überhaupt bei vielen Gewächsen, z. B. Papilionaceen etc.

begegnen, steht im Dienste der Beförderung des Transpirationsprocesses. In Folge ihrer verticalen Lage strahlen die Organe nachts relativ wenig Wärme aus; sie bleiben wärmer als in horizontaler Lage, wie schon die fehlende oder nur geringfügige Thaubildung auf ihnen lehrt. Diese höhere Temperatur der verticalen Blätter hat aber selbstverständlich eine Steigerung ihrer Wasserabgabe in der Nacht und des Thaumangels wegen auch am Morgen zur Folge.

Sehr interessant sind verschiedene Araceensträucher, Pothos- und Philodendronarten. Erstere, besonders an Mauern, letztere an Bäume angelehnt, und sich mittelst ihrer Haftwurzeln befestigend. Diese Organe der Philodendronarten legen sich den Stämmen horizontal, dieselben fest umklammernd, an, und manche Species produciren zugleich noch senkrecht durch die Luft in den Erdboden eindringende Nährwurzeln.

Auch Bambusgebüsche sah ich bei Bahia, zumal in der Nähe des Campo santo (Kirchhof) zum ersten Mal. Es giebt eine grosse Zahl verschiedener Bambusen, die in vielen Gattungen untergebracht werden. Die wohl 60—80 Fuss hohen, dicken, holzigen, verzweigten, einem Wurzelstock entspringenden Stämme stehen, undurchdringliche, waldartige Bestände bildend, bei einander. Die Pflanzen entwickeln sich besonders in der Nachbarschaft von Wasserläufen sehr kräftig, und wenn der Wind das Dickicht durchrauscht, vernimmt man ein durch das Zusammenstossen der hohlen Stämme bedingtes sonderbares Klopfen, daneben aber ein leises, geheimnissvolles Flüstern der bewegten zierlichen Blätter, die graciös in der heissen Luft hin- und herschwingen.

Manchmal erblickt man an sonnigen, berasten Stellen schon aus der Ferne durch ihre dunkelgrüne Farbe auffallende, ausgedehnte Flächen. Kommt man näher, so erkennt man die überaus merkwürdige Pflanze, mit der man es zu thun hat. Es ist die in Südamerika heimische Mimosa pudica (schamhafte Mimose oder Sinnpflanze), von den Brasilianern Malice das mulheres genannt). Die Pflanzen erscheinen mehr oder weniger niederliegend. Ich fand Exemplare von ca. 4 Fuss Stengellänge, und als ich in Bahia war, hatten sie gerade ihre rosafarbenen Blüthenköpfchen entwickelt. Wunderbar sind die reizbaren Blätter dieser Pflanze, die man ja auch oft bei uns in Warmhäusern cultivirt, gestaltet. Da, wo der Hauptblattstiel dem dornigen Stengel entspringt, ist er zu einem eigenthümlich gebauten Gelenk verdickt. Der primäre Blattstiel trägt zwei secundäre Stiele und diese je ca. 20 Paare kleiner Blättchen, die ebenfalls an ihrer Basis mit kleinen Gelenken versehen sind. Die erwähnten Gelenke stellen Bewegungsorgane dar, welche für Reizursachen verschiedener Art empfänglich sind. Ich habe alle bezüglichen Verhältnisse in meinem pflanzenphysiologischen Praktikum, 2. Auflage, Jena, 1895, eingehend dargestellt; hier kann nur weniges bemerkt werden. Am Tage sind die Blättchen der Mimose ausgebreitet. Kommt die Nacht, so legen sie sich nach vorn und oben zusammen, während sich zugleich der Hauptblattstiel senkt. Aber nicht nur auf den durch Beleuchtungswechsel bedingten Reiz, sondern auch auf jede leise Berührung oder Erschütterung reagirt die Sinnpflanze. Die Hauptblattstiele senken sich dann, die secundären Stiele nähern sich einander und die Blättchen legen sich zusammen. Nach Verlauf kurzer Zeit geht die Pflanze aber wieder in den normalen, reizempfänglichen Zustand über. Die biologische Bedeutung dieser Reizbewegungen ist wohl nach verschiedenen Richtungen hin eine erhebliche für die Pflanze. Starke Regengüsse sowie Hagel würden die sehr zarten Blättchen im ausgebreiteten Zustande leicht zerstören. Wenn aber die ersten Tropfen auf die Gelenke der Stiele und der Blättchen selbst reizend einwirken, und das ganze Blatt seine eigenthümlichen Stellungsänderungen vollzogen hat, so ist jede Gefahr für das Organ beseitigt. Vielleicht haben die bei der Mimose in Folge von Berührung momentan erfolgenden Bewegungen auch insofern Wichtigkeit für das Leben des Gewächses, als sie ein Schutzmittel gegen die Vernichtung der Pflanze durch Thiere darstellen. Berühren diese die Blätter und erfolgt sofort eine Reizbewegung derselben, so mögen sie sich wohl erschrocken zurückziehen und den mit so geheimnissvollen Kräften ausgerüsteten Organimus unversehrt lassen. Zudem werden die am Mimosenstengel vorhandenen Dornen durch das Herabsinken der gereizten Blätter frei gelegt, wodurch sie als Waffen erst recht wirksam werden können.

Wenn man vom Campo grande aus die Victoria verfolgt, so erblickt man nach einiger Zeit auf der linken Seite der Strasse einen ausgedehnten Orangengarten. Die Orange gehört zur Gattung Citrus, und zwar werden von derselben zumal drei Arten vielfach cultivirt, C. vulgaris, die bittere Orange mit breit geflügeltem Blattstiel, C. aurantium (süsse Orange) und C. limonum (Citrone), die beiden letzteren mit kaum geflügeltem Blattstiel.

In Bahia baut man meist eine Orangenform mit grossen, grünen, sehr saftreichen, süssen Früchten an, die fast immer duftende Blüthen und Früchte trägt. Ich will hier gleich auf einige andere köstliche Früchte Brasiliens hinweisen. Die Bananen, die Mamão (Frucht von Carica) sowie die Mango-, Jacca-, Tamarinden- und Cacaofrüchte fanden bereits Erwähnung. Dagegen ist nun in erster Linie die Ananas, welche in Brasilien heimisch, zu nennen. Man cultivirt sie zumal bei Bahia und Pernambuco in grosser Menge und vermehrt sie durch Setzlinge. Besonders werthvoll ist die unter dem Namen Abacaxi bekannte Ananasform mit länglichen Fruchtständen. Dieselben haben in der That einen wundervollen Geschmack, dem sich nichts an Feinheit vergleichen lässt; dazu kommt der liebliche Duft des herrlichen Productes der Tropenwelt. Leider muss man im Genuss auch dieser Frucht, wenigstens in der heissen Zone selbst, erfahrungsgemäss vorsichtig sein; am besten bekommt sie, wenn man sie morgens im nüchternen Zustande isst. Die Abacaxis reifen in Bahia im November und December. Auf der Rückreise hatten wir etwa 500 Früchte an Bord, die für 0.2 Mark das Stück gekauft worden waren. Nach Hamburg kamen kaum 30 Exemplare, da alle übrigen während der Reise in Zersetzung übergingen. Daraus erklärt sich vollkommen der hohe Preis der Abacaxis in Deutschland, zuweilen 8 Mark per Stück. Die gewöhnlichen, mehr kugelförmigen Ananas sind weit billiger. Ferner muss ich die Sapotifrüchte nennen, welche von Achras sapota (Familie der Sapotaceen) stammen, eine Schale besitzen, die derjenigen der Kartoffelknollen ähnelt, sich aber durch ein fein birnenartig schmeckendes Fleisch auszeichnen. Mehrere werthvolle Früchte liefern Myrtaceen; die Araça ist die Frucht einer Psidiumspecies, die Guiava stammt von Psidium pomiferum und giebt mit Zucker zu Marmelade eingekocht die schöne Guidbada, welche, in flache Blechdosen gefüllt, auch oft nach Europa kommt. Von Myrtus cauliflora stammt die kirschenartig schmeckende, den dicken Stämmen des Baumes ansitzende Jaboticaba, und Eugenia uniflora producirt eine süss und zugleich etwas herb schmeckende Frucht, die Pitanga. Unter den Anacardiaceen kommen hier in Betracht Anacardium occidentale, welche Pflanze die Cajufrucht liefert, deren mächtig angeschwollener Stiel einen säuerlichen, zur Herstellung eines erfrischenden Getränkes, der Cajuada, dienenden Saft enthält, und Spondias purpurea, ein Baum, dessen gelblichrothe Früchte (Caja) mir häufig im Urwald willkommene Kühlung boten. Erwähnenswerth sind ferner die Maracaju, Frucht einer Passiflora, sowie die Abacâte von Persea gratissima (Familie der Lauraceen). Das gelbliche Fleisch dieser einer grossen, grünen Birne gleichenden Frucht wird, mit Zucker und Portwein oder mit Salz und Pfeffer zubereitet, genossen.

Die Fruta do conde von Anona muricata liefert ein köstlich süsses Fleisch. Weintrauben werden in Südbrasilien producirt; die Bahiatrauben fand ich nicht sehr gut. In Petropolis bei Rio cultivirt man Äpfel- und Birnbäume, neuerdings auch Erdbeeren mit viel Erfolg.

Auf der Barre von Bahia, da wo der Leuchtthurm den Eingang zur Allerheiligenbucht bezeichnet, erblickt man schon vom Schiff aus hochragende Cocospalmen. Ich beeilte mich, den Bäumen bald nach meiner Landung einen Besuch abzustatten. 60—80 Fuss hoch erheben sich, gewaltigen Säulen gleich, die in geringer Entfernung von einander stehenden, etwas gebogenen, grauen Stämme, deren Oberfläche durch Blattnarben schwach geringelt erscheint. Die gewaltigen, gefiederten, ca. 14 Fuss langen Blätter bilden eine grosse Krone, in der der Seewind spielt. Der Blick fällt auf den sandigen Boden zu unseren Füssen, auf die schäumende Fluth des Oceans, aber immer wieder wendet er sich empor zu den Wipfeln der Palmen, die gerade hier am Strande, umweht von feuchter Luft, ihre geeignetsten Lebensbedingungen finden. Zuweilen fällt eine noch nicht völlig reife Frucht zur Erde, und wenn dies geschieht, oder eines der Riesenblätter aus der Höhe herabstürzt, dann wird man daran erinnert, dass es nicht immer „ungestraft“ bleibt, „unter Palmen zu wandeln“. Cocos nucifera kommt in allen heissen Tropengegenden vor. Die Cocosnuss, eine sehr grosse Steinfrucht, schliesst einen Samen ein, dessen fettreiches Endosperm zur Ölbereitung dient. Der vom festen Endospermtheil umgebene Saft (Cocosmilch) stellt ein sehr kühlendes Getränk dar.

Unvergesslich wird mir eine botanische Excursion sein, die ich am Nachmittag des 7. September in Gemeinschaft mit Herrn Diniz, dessen Söhnen und Bruder unternahm. Wir fuhren eine Strecke mit der Strassenbahn und wanderten dann zu Fuss weiter im lieblichen von Hügelketten begrenzten Thal des Rio Vermelho. Nur an vereinzelten

Stellen schimmert das gelbrothe Erdreich hervor, aber ich hatte den Contrast zwischen der Farbe des Bodens und derjenigen der ihn überkleidenden Vegetation in dem herrlichen Landschaftsbilde nicht missen mögen.

In den Tropen verläuft der Verwitterungsprocess schon in Folge starker Temperaturschwankungen, denen Gestein und trockener Boden ausgesetzt sind, weit schneller, als im gemässigten Klima. Unter dem Einfluss der heissen Sonnenstrahlen nimmt die nackte Erdoberfläche am Tage oft eine Wärme von 60—70° Celsius an, so dass im Laufe von 24 Stunden Variationen der Temperatur von 40—50° Celsius häufig sind. Dazu kommt noch der rapide Fortgang der chemischen Processe, die zerstörend wirken. Wenn sich nun die mannigfaltigsten eisenhaltigen Gesteine relativ schnell bei Ausschluss gar zu grosser Mengen abfliessenden Wassers zersetzen, so wird das gebildete kohlensaure Eisenoxydul nicht in beträchtlicher Quantität entführt, sondern es erfährt eine rasche Umwandlung in rothbraunes Eisenoxydhydrat, das dem thonerdereichen, aber kalk- und alkaliarmen, porösen, lockeren Verwitterungsproduct beigemengt bleibt. Auf solche Weise häuft sich der eigenthümliche Lateritboden von gelbrother oder rother Farbe an, welcher für die Tropenländer so characteristisch ist.

Rechts vom Weg, den wir verfolgen, strömt der kleine Fluss. Halbnackte Negerinnen sind hier, im Wasser stehend, beim Waschen thätig. Die Wäsche wird eingeweicht und dann schonungslos auf Steinen bearbeitet oder gegen dieselben geschlagen, bis sie rein ist.

Im reizenden Thal des Rio Vermelho erscheint der Boden in ein wundervolles, aus Blättern und buntfarbigen Blüthen gewobenes Gewand gehüllt. Guirlanden von Convolvulaceen mit grossen, weissen, blauen oder carminrothen Blumen, Cucurbitaceen und Bignoniaceen winden von Busch zu Busch. Man sieht Verbenaceen mit blauen oder ziegelrothen Blüthen, verschiedene Repräsentanten der in

Brasilien durch ca. 1000 Arten vertretenen Familie der Melastomaceen, deren Angehörige man meist schon an der characteristischen Nervatur ihrer Blätter erkennt, Papilionaceen, grosse violette Blüthen tragend, Malvaceen, deren Blumen handgross sind und zinnoberroth leuchten, Piperaceen mit walzenförmig gestrecktem, grünlichem Blüthenstand etc. Hier und da erhebt sich eine stolze Palme aus dem die Hänge überkleidenden Gebüsch, oder eine Musa breitet ihre grossen Blätter gleichsam schirmend über andere Pflanzen aus.

Man liest oft von dem anscheinenden Blüthenmangel der Tropen, aber für das Thal des Rio Vermelho trifft derselbe nicht zu. Freilich, im bunten Blüthenschmuck prangende Wiesen, wie sie der gemässigten Zone eigen sind, fehlen hier, wie überhaupt in den Tropen. Auffallend erscheint, dass manche bei uns sehr entwickelte Pflanzenfamilien (z. B. Compositen, Cruciferen, Umbelliferen etc.) in vielen Tropengegenden nur durch wenige Repräsentanten vertreten sind. Allerdings ist dafür die Anzahl ganz neuer Pflanzenformen eine überaus grosse.

Das Bett des Flüsschens erweitert sich seeartig; auch links vom Weg erblicken wir einen Teich, umrahmt von üppigster Vegetation. Ein stiller Friede ruht über dieser lieblichen Landschaft, und das Auge des Beschauers kann sich nicht satt sehen an der Farbenpracht sowie Formenfülle, welche die Natur hier verschwenderisch entfaltet. Dort über dem Wasserspiegel schimmert in zartesten Farben ein Blüthenstand aus den ihn umgebenden Blättern hervor. Zufällig ist ein kleiner von einem Neger geführter Kahn zur Hand, so dass die schöne Pflanze, Eichhornia crassipes (Familie der Pontederiaceen), ans Land gebracht werden kann. Das schwimmende Gewächs trägt Blätter mit halbkreisförmiger Spreite, deren Stiel, als Schwimmapparat dienend, markreich und angeschwollen ist. Die vielblumigen Blüthenstände ragen aus dem Wasser empor.

Jede Blüthe von ca. 10 cm Durchmesser zeigt sechs Perigonblätter, von denen fünf zart hellviolett gefärbt sind, während das sechste dunkelviolett erscheint und in seiner Mitte einen gelben Fleck trägt.

Da, wo zur Linken des Weges der erwähnte Teich beginnt und ein ganz verwachsener Nebenpfad abzweigt, leuchten aus dem Gebüsch carminrothe Farben hervor, die köstlich mit dem Grün des Laubes contrastiren. Ich bleibe überrascht stehen. Vor mir sehe ich verschiedene Exemplare ananasartiger Pflanzen, erdbewohnende Bromeliaceen, mit schmalen, stachelrandigen Blättern. Aus der Mitte der Blattrosetten erhebt sich ein etwa 4 Fuss hoher Blüthenschaft, der in einen 1.5 Fuss langen Blüthenstand endet. Die grossen Bracteen desselben sind wundervoll roth gefärbt und tragen in ihren Achseln violette Blüthen. Ich scheute mich förmlich, diese herrliche Pflanze zu brechen.

Zum ersten Mal stand ich im Thal des Rio Vermelho der fast völlig frei waltenden brasilianischen Tropennatur gegenüber. Staunen, Bewunderung und ein tiefes Gefühl des Glückes erfüllten mich.

Indem wir den Thalweg weiter verfolgten, gelangten wir schliesslich zu dem hübsch gelegenen, freundlichen Badeort Rio Vermelho, in dessen unmittelbarer Nähe sich der Fluss gleichen Namens ins Meer ergiesst. Auf dem hohen Ufer wachsen grosse Gruppen von Cacteen und dunkelviolettblüthige Daturaformen. Ein Hain von Cocospalmen nimmt uns auf. Wir lauschen dem Brausen der Brandung, die schaumsprühend die Felsentrümmer am Strande bespült. Es war Nacht geworden, als wir, beladen mit Pflanzenschätzen, wieder in Bahia eintrafen.

Am 11. September ging es mit Herrn Diniz und Herrn Doria, der Professor der Botanik an der medizinischen Akademie zu Bahia ist, nach Itapajepe, einem kleinen Ort nördlich von der Hauptstadt. Zunächst benutzten wir die Strassenbahn, um dem Getummel der Stadt schnell zu entfliehen, dann schritten wir zu Fuss trotz grosser Hitze rüstig weiter. Wir sahen bald mächtige Casuarinen und fiederblätterige, afrikanische Ölpalmen (Elaeis guineensis) angepflanzt, wild wachsende epiphytische, schönblumige Orchideen auf den Bäumen und herrliche, rankende Passifloren mit dreilappiger Narbe und im übrigen fünfgliederig gebauten Blüthen, die zwischen Krone und Staubblättern jene bekannten, sonderbar gestalteten, fadenförmigen Bildungen zeigten. Die Laubblätter mancher Passifloren sind mit sehr entwickelten gelben Nectarien ausgestattet. Dann fanden wir einen im Staat Bahia ziemlich verbreiteten Baum aus der Familie der Apocyneen, dessen Milchsaft man sammelt, mit Wasser versetzt und kocht, um schliesslich die coagulirten Massen abzuschöpfen, auszupressen und zusammen zu kneten. Der auf diese Art gewonnene Kautschuk stellt einen nicht ganz unwichtigen Handelsartikel dar.

Mein besonderes Interesse erregte eine Ficusart, die zu den Baumwürgern gehört. Ich sah auch später in Mimoso im Staate Espirito Santo ein ähnliches Gewächs, welches eine riesige Myrtacee bereits fast völlig getödtet hatte. Der Ficus siedelt sich auf dem Baum, welchen er schliesslich zu Grunde richtet, an. Er erzeugt oft senkrecht herabwachsende, in den Boden eindringende, mächtige, stammähnliche Nährwurzeln, aus denen, ebenso wie aus den Ficuszweigen, Haftwurzeln hervorgehen, die den Stamm des Stützbaumes umschlingen und endlich den Boden erreichen. Diese allmählich armdick werdenden Haftwurzeln verzweigen sich auch und verwachsen theilweise mit einander. Es entsteht so ein Wurzelgitter, das die Rinde des stutzenden Stammes in Folge ihres Dickenwachsthums zerquetscht. Vermodert jener nun nach längerer Zeit, dann bleibt nur die Wurzelröhre des Ficus übrig, welche jetzt stark genug ist, um sich aufrecht erhalten zu können.

Und weiter die wunderbaren Ameisenpflanzen, die Cecropien (Familie der Artocarpeen), Embaubabäume der

Brasilianer, welche vor einigen Jahren so eingehend von Schimper studirt worden sind.

Wenn man in den Tropen wandert, so begegnet man oft ganzen Zügen von Ameisen. Ein Strom der Thiere bewegt sich auf dem Boden von dem auf der Erde befindlichen Nest aus zu Bäumen oder Sträuchern; die Thiere kriechen auf die Pflanzen, schneiden mit Hülfe ihrer Beisswerkzeuge kleine Stücke aus den Blättern heraus, befördern dieselben auf den Kopf und wandern so beladen in ihr Nest zurück. Besonders Papilionaceen, sowie in den Gärten Rosen und Orangen werden von den gefährlichen blattschneidenden Ameisen (Attaarten) in Brasilien oft in kurzer Zeit völlig vernichtet. In den Gärten sucht man sich häufig vor den schlimmen Feinden zu schützen, indem man die Wege sorgsam mit Cement bekleidet, oder indem man rings um die Basis des Stammes der zu hütenden Gewächse Wasser enthaltende cementirte Rinnen anbringt. Die Natur hat die Pflanzen ebenfalls vielfach mit Schutzmitteln gegen die Blattschneider ausgerüstet, und dieselben sind gerade bei den Cecropien in überaus merkwürdiger Art entwickelt. Ich fand die ersten Exemplare der wunderbaren Pflanze hier bei Itapajepe in einem Gebüsch. Später habe ich die Cecropien oft im Urwald und in der Capoeira (Nachwuchs, welcher sich nach Zerstörung des Urwaldes entwickelt) angetroffen. Einmal fällten wir im Urwald bei S. Eduardo im Norden des Staates Rio einen Baum von 12 m Höhe mit dem Façon (einem gekrümmten Waldmesser), und dicht dabei stand noch ein anderes Exemplar von 20 m Höhe. Der Stamm desselben hatte an der Basis nur ca. 1 Fuss Durchmesser.

Der ziemlich glatte, mit dreieckigen Blattnarben besetzte Cecropienstamm trägt an seinem oberen Ende Äste, die an ihrer Basis fast horizontal, dann aber in gewisser Entfernung vom Stamm in scharfer Krümmung nach oben gewachsen sind, so dass der Baum die Gestalt eines Candelabers gewinnt. Die grossen, in nicht bedeutender Anzahl vorhandenen, handförmigen Blätter erscheinen oberseits grün, unterseits in Folge ihrer Behaarung grau oder weisslich.

Als wir eine Cecropie bei Itapajepe gefällt hatten und dieselbe forttrugen, um sie an einem geeigneten Orte in aller Ruhe zu untersuchen, mussten wir den Baum mehrfach auf dem Weg niederlegen, da aus dem Stamm desselben unzählige Ameisen hervorkrochen, die förmlich über uns herfielen, in unsere Kleider hineinkrochen und uns entsetzlich bissen. Aber hier haben wir es nicht mit blattschneidenden, sondern mit durchaus anderen Ameisenarten zu thun. Die Cecropien sind nämlich von Schutzameisen (Aztecaarten) bewohnt, welche ihre Nester in den hohlen, ab und an durch Querwände gefächerten Stämmen bauen. An der Basis älterer Stämme ist die Höhlung nur von geringem Durchmesser; nach oben nimmt sie an Weite zu, und bei einem mir gerade vorliegenden nicht ganz jungen, trockenen Cecropientheil von 30 mm Durchmesser, kommen 22 mm auf die Höhlung, 4 mm auf die Dicke der Wand. Die Besiedelung der Bäume mit Schutzameisen geschieht in der Weise, dass ein befruchtetes Weibchen, die spätere Königin, in die jüngeren Stammtheile eindringt. Dies geschieht an bestimmten, engumgrenzten Stellen, an denen die Wandsubstanz fast papierdünn ist. Diese Pforten der Thiere erblickt man in Gestalt kleiner, rundlicher Öffnungen an den oberen Internodien, während die vernarbten Spuren derselben an den älteren sichtbar sind. Die in grosser Menge in den Cecropienstämmen zur Entwickelung gelangten Ameisen kriechen oft aus ihren Wohnungen hervor. Sie gelangen auf die Blätter und sammeln hier die an den polsterartig verdickten Blattbasen zwischen braunen Haaren zur Ausbildung gelangten sogenannten Müllerschen Körperchen, kleine eiförmige, eiweiss- und fettreiche Gebilde, welche in dem Maasse, in welchem sie entfernt werden, wieder neu entstehen. Diese Müllerschen Körperchen schleppen die Thiere in ihr Nest, um sie für ihre Ernährung zu verwerthen. Man sieht also, dass die Cecropien den Schutzameisen Wohnung und Nahrung gewähren. Die Thiere erweisen sich dafür der Pflanze aber dankbar, indem sie, sobald blattschneidende Ameisen den Baum heimsuchen, über dieselben herfallen und die Pflanze somit vor Vernichtung schützen. Es kommt vor, dass Cecropienexemplare aus irgend welchem Grunde nicht von Schutzameisen bewohnt sind. Solche Pflanzen haben dann keine unversehrten, sondern vielfach seitens der Blattschneider durchlöcherte Blätter, und sie sind thatsächlich der grössten Lebensgefahr ausgesetzt. Eine Cecropienart auf dem Corcovado bei Rio birgt niemals Schutzameisen. Diese Species ist aber durch den Besitz einer glatten, wachsüberzogenen Epidermis vor den Blattschneidern, welche nicht am Stamm emporkriechen können, geschützt. Die merkwürdige Glätte vieler Stämme, die mir oft bei Bäumen des Urwaldes in Brasilien, zumal bei Myrtaceen, auffiel, dient auch wohl dem gleichen Zweck.

Im Anschluss an diese Erörterungen über die wunderbaren symbiotischen Beziehungen zwischen Cecropien und Schutzameisen wollen wir nun noch an der Hand der Untersuchungen Alf. Möllers die Frage nach der Verwerthung der seitens der blattschneidenden Ameisen auf ihren Raubzügen gesammelten Blattstücke verfolgen.

Die Thiere bewegen sich auf besonders dazu hergerichteten Strassen, die unter der Aufsicht fleissiger Wegebesserer stehen, und zuweilen eine halbe Meile lang sind. Sie bringen die Blattstücke in die in Erdlöchern oder hohlen Baumstämmen, selten frei auf dem Boden, angelegten Nester, zerkleinern dieselben weiter und häufen sie im Nest zu schwammigen, mit vielen Poren durchsetzten Massen an, zwischen denen Ameisen, Eier, Larven und Puppen angetroffen werden. In diesen „Pilzgärten“, die, wenn die Nester frei auf dem Boden angelegt worden sind, mit vertrocknetem Laub und Zweigstücken überdacht werden, siedelt sich nun ein Pilz an, dessen Mycelium die Blattmassen durchzieht, und der unter Umständen auch Conidien sowie grosse Fruchtkörper bildet. Der Pilz gehört zur Gruppe der Agaricineen. An seinem auf Kosten der Blattsubstanz wuchernden Mycelium entwickeln sich kleine, körnchenartige, weisse Gebilde, die den Ameisen zur Nahrung dienen. Die Thiere treiben also Pilzcultur, und um die Pilzgärten frei von „Unkraut", z. B. Schimmelpilzen, zu halten, sind besondere sehr kleine Attaindividuen fleissig beim Ausjäten der fremden Eindringlinge beschäftigt, die, wenn sie die Oberhand gewönnen, die ganzen Culturen überwuchern und vernichten würden.

In unmittelbarer Umgebung des kleinen Ortes Itapajepe ist der Boden sehr sandig. Verschiedene Strandgewächse gedeihen auf demselben; indessen wir schenkten ihnen hier keine besondere Aufmerksamkeit, da wir von der Mangrovevegetation, die in einiger Entfernung zum Vorschein kam, stärker angezogen wurden. Da, wo im feuchtwarmen tropischen Klima an der Küste des Meeres kein felsiger oder sandiger Strand vorhanden ist, sondern das Wasser in flachen Meeresbuchten oder im Mündungsgebiet der Flüsse in Folge seiner relativen Ruhe schlammige Massen absetzen kann, bildet sich im Bereiche der Ebbe und Fluth eine höchst eigenartige, aus Bäumen und Büschen recht verschiedener Familien bestehende Vegetationsformation, die Mangrove, aus. Auch an sumpfigen Stellen, etwas entfernt vom Meer, siedeln sich die Mangrovepflanzen manchmal an.

Man denke sich eine sehr ausgedehnte, schlammige, zur Fluthzeit vom Wasser bedeckte Bodenfläche, die von niedrigen, so nahe an einander gerückten Bäumen bestanden wird, dass es unmöglich erscheint, in das Innere des Dickichts einzudringen. Tiefe Stille herrscht rings umher. Zur Fluthzeit werden die unteren Theile der Bäume vom Wasser umgeben. Auf der dem Meere zugewandten Seite lichtet sich der Wald, und nur einzelne Pflanzen sind gleich Vorposten vorgeschoben. Der Wald besteht aus Rhizophora Mangle, einer Pflanze, die in mehrfacher Beziehung die merkwürdigsten Anpassungen an die Lebensbedingungen, unter denen sie vegetirt, erkennen lässt. Zunächst kommen hier die Stelzenwurzeln in Betracht. Sie entspringen in grosser Zahl dem Stamm und wenden sich in weitem Bogen nach abwärts, um den Boden zu erreichen, in welchen sie eindringen. Auf solche Weise kommt eine genügende Befestigung der Pflanzen zu Stande; sie vermögen dem Anprall der Wogen Widerstand zu leisten. An den Zweigen der Rhizophora, welche ganzrandige Blätter von fleischig-lederartiger Consistenz tragen, hängen sonderbare Gebilde, die, wie die nähere Untersuchung ergiebt, Keimpflanzen sind. Die Rhizophoren zeichnen sich nämlich durch „Viviparie“ aus; ihre Samen keimen, so lange sie noch mit der Mutterpflanze in Verbindung stehen, und erst der recht weit entwickelte Keimling fällt ab. Der obere Theil desselben ist vor der Abtrennung von der Mutterpflanze von dem sich nicht loslösenden Fruchtgewebe umgeben. Das sich zu einer Länge von vielen Centimetern ausbildende Hypocotyl wächst gerade nach abwärts, hat einen Durchmesser von 1—2 cm und endet unten in eine kegelförmige Spitze. Der ausgebildete Keimling fällt in senkrechter Stellung zu Boden; er bohrt sich in den schlammigen Grund ein. Da im Laufe weniger Stunden Seitenwurzeln zur besseren Befestigung ausgebildet werden, ist der junge Organismus bald vor der Entführung durch die Fluthwellen geschützt.

Auch an verschiedenen anderen Orten habe ich die Mangroveformation in Brasilien weiter beobachten können, besonders bei Nictheroy in der Nähe von Rio. Hier bilden weniger Rhizophoreen, sondern vor allen Dingen Verbenaceen (Avicennia) und Combretaceen (Lacuncularia) ihre

Hauptelemente. Diesen mehr strauchartigen, niedrigen Pflanzen fehlen die Stelzenwurzeln, aber besonders die erstere Gattung ist doch in Folge einer Eigenthümlichkeit höchst beachtenswerth. Ihre horizontal im Schlamm wachsenden Wurzeln senden nämlich senkrecht nach aufwärts gerichtete Athemwurzeln an die Oberfläche, deren Enden mehrere Centimeter aus dem Boden frei hervorragen. Diese mit Lenticellen besetzten Athemwurzeln haben die Aufgabe, den Gaswechsel der unterirdischen Organe der Avicennia zu erleichtern.

Sämmtliche Mangrovegewächse zeichnen sich durch fleischig-lederartiges Laub aus. Ihre Blätter haben in mehr als einer Hinsicht Ähnlichkeit mit denjenigen anderer Strandpflanzen, mancher Epiphyten, Hochgebirgspflanzen und mancher Gewächse, die an sehr trockenen Standorten gedeihen. Die Blätter vieler Strand- und der Mangrovepflanzen tragen den nämlichen Charakter wie diejenigen der Xerophyten, was sich in der stark cuticularisirten Epidermis, eingesenkten Spaltöffnungen, dem häufigen Vorhandensein von Schleimzellen und Wassergewebe ausprägt. Diese Thatsache ist um so merkwürdiger, als doch zahlreichen der erwähnten Halophyten, zumal den Mangrovegewächsen, stets reichlichste Wassermengen zur Verfügung stehen. Wo ist nun der Schlüssel zum Verständniss zu suchen?

Zunächst muss betont werden, dass reichliche in den Organismus der Halophyten eingetretene Kochsalzmengen auf denselben in Folge seiner specifischen Natur nicht giftig einwirken, während die Nichthalophyten sich ganz anders verhalten. Während ferner die Gegenwart grösserer Chlornatriummengen bei diesen letzteren einen Verschluss der Spaltöffnungen bedingt und dadurch die Assimilation aufhebt, ist dies bei den Halophyten, in deren Schliesszellen fast gar kein Kochsalz einzudringen vermag, nicht der Fall.

Die den Halophyten wie übrigens auch den gewöhnlichen Sumpfpflanzen mangelnde Fähigkeit des Spaltöffnungsverschlusses, welche bei den Xerophyten so sehr entwickelt ist, führt dahin, dass jene ersteren stets, selbst noch im welkenden Zustande, stark transpiriren. Das ist freilich ein Nachtheil, aber derselbe muss mit in Kauf genommen werden, denn ein Verschluss der Stomata durch die Einwirkung des Kochsalzes, wie er für andere Gewächse charakteristisch ist, würde für die Bewohner salzreicher Böden die Assimilation so gut wie ausschliessen. Der erwähnte Übelstand starker Transpiration bei Strand- und Mangrovegewächsen erscheint um so bedeutungsvoller, als wir wissen, dass die Wasseraufnahme der Wurzeln aus salzreichem Boden erheblich erschwert ist. Pflanzen aber, die stark verdunsten und in der Zeiteinheit wenig Wasser aufnehmen, sind der Gefahr des Welkens ausgesetzt. Die Halophyten befinden sich thatsächlich unter solchen Verhältnissen, und die biologische Bedeutung ihrer Blattstructur, durch welche ein Ansammeln, resp. Zurückhalten von Wasser angestrebt wird, erscheint bei Berücksichtigung der angedeuteten Momente verständlich. (Näheres ist in den Arbeiten von Stahl und Schimper zu vergleichen.)

In der Oberstadt von Bahia wohnen, abgesehen von Negern und Mulatten, die Fremden und die Brasilianer. Die Deutschen und Engländer sind in den bedeutenderen Städten Brasiliens besonders als Grosskaufleute thätig, während Italiener sowie Portugiesen viele Arbeiter und letztere namentlich auch Ladeninhaber stellen. In Rio liegt das Ladengeschäft vielfach in Händen von Franzosen.

Die Brasilianer erwerben sich ihren Lebensunterhalt als Arbeiter, Beamte, Aerzte oder Fazenderos. Manche der letzteren sind sehr reich; sie wohnen oft in schönen Häusern in den Stadten und lassen ihre ausgedehnten Plantagen verwalten.

Die eigentlichen Brasilianer sind Leute portugiesischer Abstammung, deren Familien aber bereits generationenlang in Brasilien wohnen. Daher kommt es auch, dass das Portugiesische Landessprache ist. Übrigens hat die Sprache in Brasilien bereits einige kleine Abänderungen erfahren, namentlich werden die Wörter hier klarer und bestimmter gesprochen als in Portugal selbst. Ich kann das Portugiesisch nicht schön finden; besonders im Gegensatz zu dem so nahe verwandten kräftigen, lautreichen Spanisch hat die Sprache etwas Unmusikalisches an sich. Die meisten gebildeten Brasilianer sprechen auch französisch.

Der Brasilianer ist mittelgross, meist von zierlichem Körperbau und gelber Hautfarbe. Ausdrucksvolle Züge, schwarzes Haar und dunkle Augen verleihen der Persönlichkeit oft etwas sehr Anziehendes. Die Schönheit der Frauen welkt schnell dahin.

Das Wort beherrscht der Brasilianer in ganz bewunderungswürdiger Weise. Ich habe mich oft an der Beredsamkeit der Leute erfreut. Dabei bewegen sich auch die sogenannten „Ungebildeten“ mit einer Sicherheit und einem natürlichem Anstande, die beneidenswerth sind. Man ist manchmal in der That ganz erstaunt über das „savoir vivre“ von Frauen und Männern aus dem „Volk“. Nur das mir ganz grundlos erscheinende ewige Ausspeien berührt sehr unangenehm; dasselbe wird aber überall geübt.

Für die Kunst scheint der Brasilianer wenig Sinn zu haben. Auch den Naturgenuss kennt er kaum. Es mag überaus selten vorkommen, dass ein Brasilianer Touren oder Reisen unternimmt, um sich an der Herrlichkeit seines Landes zu erfreuen.

Dem Fremden gegenüber zeigt der Brasilianer zunächst eine gewisse kühle Zurückhaltung. Ist man aber empfohlen, oder in eine Familie eingeführt, so kann man sicher sein, mit der grössten Liebenswürdigkeit aufgenommen zu werden. Die Gastfreundschaft, welche im Lande geübt wird, beansprucht die höchste Anerkennung. Ich wohnte im Innern tagelang bei Brasilianern, die gar nicht bemittelt waren, und bin mit ausgesuchter Aufmerksamkeit behandelt worden. Eine Geldentschädigung wollten die freundlichen Menschen dafür durchaus nicht annehmen, so dass mir nichts anderes übrig blieb, als ihnen später von Europa aus einige Geschenke zu senden.

Beachtung beansprucht ferner der edle Patriotismus mancher Brasilianer. Ich habe Männer, z. B. den um die Einwanderungsfrage so hoch verdienten Dr. Domingos Jaguarihe in São Paulo und den vortrefflichen Herrn Senna in Ouro-Preto, kennen gelernt, die unermüdlich und in uneigennützigster Art im Interesse ihres Volkes thätig sind, und darin dem so sehr verkannten Kaiser Don Pedro II. würdig folgen. Leider wird freilich diese Vaterlandsliebe bei vielen Brasilianern dadurch getrübt, dass sie ihre persönlichen Interessen in der sogenannten „Politik“ in den Vordergrund stellen, oder in Überschätzung der Eigenart ihres Landes verfallen. Der engherzigen Anschauung, es sei alles in Brasilien „munto bonito“, d. h. ganz vorzüglich, begegnet man oft, und indem die vorhandenen Mängel übersehen werden, kann natürlich auch nicht der erste Schritt zu deren Beseitigung geschehen.

Überaus wohlthuend berührt es, dass es in Brasilien, trotz bedeutender Unterschiede im Besitz, so gut wie keine Standesvorurteile giebt. Reiche und Arme, Gebildete und Ungebildete verkehren in freundlicher Weise mit einander. Die rein menschlichen Beziehungen treten dabei oft in schöner Weise hervor; kein Stolz auf der einen und keine unangenehm berührende Art der Unterordnung auf der anderen Seite. Gerade wir Deutschen sollten uns in dieser Beziehung den Brasilianer zum Muster nehmen.

Recht zu beklagen ist nun auf der anderen Seite die grosse Indolenz der Brasilianer, die überall hervortritt und geradezu gefährlich für die Entwickelung des Landes erscheint. Es heisst stets „paciencia“ (Geduld) oder „amanhã“ (morgen). Die Langsamkeit und Schwerfälligkeit, mit der alles besorgt wird, die Unzuverlässigkeit, sind zum verzweifeln. Wer ungeduldig wird, den lacht man aus. Diese Indolenz hat auch Trägheit im Gefolge, welche oft förmlich komisch wirkt. Wünscht der Schaffner in der Bahn das Billet, so spricht er den Reisenden gewöhnlich nicht an, sondern er führt eine Bewegung mit den Fingern aus. Ich machte mir zuweilen den Scherz, auf nichts derart zu reagiren, und dann allerdings bat der Mann schliesslich höflich um meine Fahrkarte. Im Nationalmuseum zu Rio sind sämmtliche Beamte angewiesen, ihre Namen morgens, wenn sie an die Arbeit gehen, in ein Buch einzutragen. Auf solche Art kann controlirt werden, wer seinen Dienst versehen hat. Fehlt ein Beamter, so wird demselben für die Zeit, in der er nicht anwesend ist, die Hälfte des Gehaltes abgezogen. Ohne diese Einrichtung würden sich viele Brasilianer ganz grundlos häufig krank melden und kein Bedenken tragen, ihren Gehalt trotzdem in voller Höhe zu beziehen. Wenn ich reiste und gern den Namen eines Flusses oder Ortes sicher erfahren wollte, so gewöhnte ich mich bald daran, stets zu fragen: Wie heisst dieser Fluss oder Ort? Sagte ich: Ist dies nicht der Fluss oder Ort X? dann wurde einfach aus Bequemlichkeit und ohne Rucksicht auf die Sache selbst geantwortet „é“, d. h.: So ist es.

Übrigens dürfen wir den Brasilianer seiner Indolenz wegen nicht zu scharf beurtheilen, denn sie ist sicher zum grossen Theil Folge der erschlaffenden Wirkung der Hitze, die den Organismus gewaltig beeinflusst und auch die Energie des Europäers, der lange im Lande lebt, lähmt.

Die Häuser in den grösseren Städten Brasiliens sind natürlich schon vielfach nach europaischer Art gebaut. Dem echt brasilianischen Haus begegnet man in den Vorstädten und auf dem Lande. Es ist einstöckig, tragt ein wenig geneigtes Dach und hat keinen Keller. Eine Veranda ist nicht selten vorhanden. Auf dem Lande fehlen in den Häusern nicht wohlhabender Leute die Fenster vollkommen.

Die Fensteröffnungen können nur durch Holzläden verschlossen werden. Sonst sind Schiebefenster vorhanden. Dem das Haus umgebenden Garten widmet man vielfach wenig Sorgfalt.

Treten wir ein in eine brasilianische Wohnung, so gelangen wir direct oder von einem Vorraum aus in das Besuchszimmer, welches ebenso wie alle anderen Zimmer einen recht kahlen Eindruck macht und von dem wenig ausgebildeten ästhetischen Sinn der Brasilianer Zeugniss ablegt. Charakteristisch für dies Zimmer ist immer ein mit Spitzendecken behangenes, an der Hauptwand stehendes Sopha mit Rohrgeflecht. Ein Tisch steht nicht vor dem Sopha, aber rechts und links sind im rechten Winkel zu demselben einige Stühle aufgestellt. Recht geraumig ist auch das Speisezimmer, während die Schlafzimmer, in denen die Betten oft mit Mosquitonetzen uberspannt werden, weniger geräumig sind. Badeeinrichtungen fehlen selten in den Häusern wohlhabenderer Leute. Der Brasilianer widmet der Reinlichkeit seines Körpers überhaupt viel Aufmerksamkeit, und auch die Neger thun dies vielfach. Aborte existiren nur in den Stadthäusern; auf dem Lande findet man sie nicht.

Wenn ich in den Häusern von Brasilianern verkehrte, fiel mir oft die grosse Zahl von Familienmitgliedern auf, die unter einem Dache wohnen. Als ich mich näher erkundigte, sagte man mir, dass die wohlhabenderen Brasilianer sehr oft ihre weniger bemittelten Verwandten und deren Familie ganz bei sich aufnehmen. Die Beziehungen der Familienmitglieder zu einander schienen mir stets recht freundliche zu sein.

Die Tracht der Menschen in Brasilien ist, abgesehen von jener bereits früher erwähnten der Minanegerinnen, wenig charakteristisch. Es fällt sehr auf, dass so selten leichte, weisse Anzüge getragen werden. In Bahia ist das freilich häufiger der Fall, aber in Rio, wo doch die Temperatur im Sommer bis gegen 40° C. steigen kann, und im sogenannten Winter selten unter 16° C. sinkt, erblickt man die Herren in schwarzen Anzügen und Cylinderhut. Handschuhe trägt man der Hitze wegen nicht. Auch sind dieselben, wenn sie nicht gebraucht werden, ebenso wie z. B. Stiefeln, die man im Schrank stehen hat, in dem feuchten Klima der Einwirkung des Schimmels derartig ausgesetzt, dass sie in wenigen Tagen mit einem grünlich-weissen Überzug bedeckt erscheinen. Die Strassentoiletten der Damen sind sehr elegant, während im Hause wenig Gewicht auf die Kleidung gelegt wird.

Der Brasilianer steht zeitig auf; er badet dann sogleich, trinkt eine Tasse schwarzen Caffee und nimmt etwa um 9 Uhr ein warmes Frühstück ein. Zwischen 4—6 Uhr findet das Mittagessen statt; Besuche macht oder empfängt man nach demselben.

Brasilien gewährt seinen Bewohnern Nahrungsmittel in Hülle und Fülle, so dass sich auch die weniger bemittelten Volksklassen bessere und reichlichere Kost als z. B. bei uns leicht verschaffen können. Das Meer und die Flüsse liefern viele Fische, Austern, Krabben (camarões). Krebse giebt es reichlich. Im nördlichen Brasilien sind Schildkrötenfleisch und Schildkröteneier wichtige Nahrungsmittel. Hühner und Truthühner (perús) sieht man überall. Besonders kommt dann als Nahrungsmittel carne secca, gesalzenes und an der Sonne getrocknetes Rindfleisch, in Betracht. Brot, sowie Kartoffeln (letztere aus Portugal importirt) giebt es nur in der Nähe der Küste, nicht im Innern. Hier bilden carne secca, schwarze Bohnen (feijão preto), Reis und Farinha, Mehl der Maniokpflanze, auf deren Cultur wir später zurückkommen, die wesentlichsten Bestandtheile der Mahlzeiten. Als Gewürz findet Piment (in Essig eingemacht) ausgedehnteste Verwendung. Ich sah Brasilianer den Speisen so grosse Pimentmengen hinzufügen, dass ihnen beim Essen die Thränen aus den Augen strömten. Carne secca mit schwarzen Bohnen sowie Farinha, alles durcheinander gemischt und mit Piment versetzt, kann man geradezu als Nationalgericht der Brasilianer bezeichnen. Arme und Wohlhabende lieben dies Gericht, und wahrlich nicht mit Unrecht. In Minas fügt man den Speisen oft grosse Ölmengen hinzu, wodurch sie für mich allerdings ungeniessbar wurden. Das Nationalgetränk bildet der Caffee. Im Norden des Staates Rio erhielten wir auch wohl Maté, den man wie chinesischen Thee aus den Blättern von Ilex paraguayensis bereitet. Der Brasilianer ist sehr mässig und geniesst wenig alkoholische Getränke. Bier wird aus Europa viel importirt. Eine Flasche kostet im Inneren 2—3 Milreis, also 2—2.50 Mark. In Rio, besonders aber in São Paulo, braut man übrigens heute auch sehr gutes Bier. Cachaça (Zuckerrohrbranntwein) lieben besonders die Neger und Italiener, während der Brasilianer, der sehr wohl weiss, dass der Genuss grösserer Mengen Alkohols in den Tropen doppelt gefährlich für den Organismus ist, gern refrescos (Wasser mit süssem Fruchtsaft versetzt) trinkt.

Gemüsearten giebt es in Brasilien in grosser Zahl. Da ist zunächst der fein schmeckende Palmkohl zu nennen, den das sogenannte Stammherz von Euterpe liefert. Abobara, Maxixi und Chuchu sind verschiedene Cucurbitaceenfrüchte, Giló ist die Frucht von Solanum Giló und Guimguambó diejenige von Hibiscus esculentus. Auch die Knollen mehrerer Aroideen liefern Gemüse. Aypim nennt man die Wurzelknollen von Manihot Aipi. Die mehlreichen, süsslich schmeckenden Wurzelknollen von Batatas edulis sind als süsse Kartoffeln (batatas doce) allbekannt. Die zu den Convolvulaceen gehörende Pflanze hat einen dünnen, röthlichen Stengel, der auf der Erde hinkriecht oder auch windet. Er trägt herzförmige oder 3—7 lappige Blätter. Endlich sind die viel cultivirten, riesigen Yamswurzeln, die, gut zubereitet, unseren Kartoffeln ähnlich schmecken, nicht zu vergessen. Wir haben es hier mit den Wurzelknollen von Dioscorea zu thun.

Ein besonderes Interesse hatte für mich der Stand des Unterrichtswesens in Brasilien. Schulzwang existirt in diesem Lande nicht, so dass natürlich viele Personen weder lesen noch schreiben können. Was den Volksschulunterricht anbelangt, dem ich ziemlich weit im Innern mehrfach beiwohnte, so muss ich gestehen, dass mir derselbe einen unerwartet günstigen Eindruck machte. Selbst in Dörfern werden Knaben und Mädchen vielfach gesondert unterrichtet. Kinder von Weissen, Mulatten und Negern sitzen nebeneinander in den Classen. Ich freute mich über die Sauberkeit ihrer Schreibhefte und die Aufmerksamkeit, welche sie erkennen liessen.

Der Volksunterricht ist in Brasilien völlig frei. Höhere Schulen unterhält der Staat nur sehr wenige; die meisten derselben sind in Privathänden, und die Mädchen wohlhabenderer Familien werden vielfach im Hause von deutschen Lehrerinnen gebildet.

In einem von mir besuchten Gymnasium zu Bahia — und ähnlich sind die Einrichtungen in anderen höheren Schulen in Brasilien — fand ich eine ganze Anzahl räumlich getrennter Fachclassen vor, eine für Geographie, andere für Zeichnen, Botanik, Mathematik, Sprachunterricht etc. Die Schüler, unter denen sich auch mancher Neger befand, sind keineswegs wie bei uns nach Jahrgängen gruppirt, sondern es steht jedem frei, die einzelnen Fächer in der ihm passend erscheinenden Reihenfolge zu treiben, z. B. im ersten Schuljahre Französisch, in einem anderen Geschichte, im dritten Latein und Mathematik etc. Die Examina, welche zum Besuch einer Akademie berechtigen, werden nicht nach völliger Absolvirung der Schule und in allen Fächern gleichzeitig abgelegt, sondern die Knaben melden sich nach Ablauf eines jeden Jahres zur Prüfung in denjenigen Fächern, welche sie gerade zuletzt studirten. So wird im Laufe der Schulzeit ein Fach nach dem anderen erledigt. Nach den einmal absolvirten Fächern wird später nicht wieder gefragt. Dazu kommt noch, dass der Lehrer in der Schule fast nur docirt, aber wenig Fragen an die jungen Leute stellt, und dass das Prüfungswesen sehr im Argen liegt.

Die Zahl der Hochschulen ist in Brasilien keine sehr grosse. Die wichtigsten sind die juristischen Facultäten zu São Paulo, Bahia und Pernambuco, die medicinischen in Rio und Bahia, ferner polytechnische Schulen, auf denen auch die Lehrer für Naturwissenschaften ausgebildet werden, besonders diejenige in Rio, die Kriegsacademie und die Academie der schönen Künste zu Rio, die Bergschule und Pharmaceutenschule in Ouro-Preto, sowie die grosse landwirthschaftliche Anstalt zu Campinas, die ich später noch eingehender besprechen will. Die Geistlichen werden in Priesterseminaren auf ihren Beruf vorbereitet.

Was endlich einige der wichtigsten und verbreitetsten Krankheiten anbelangt, unter denen die Menschen in Brasilien leiden, so will ich vom gelben Fieber erst reden, wenn ich über Rio de Janeiro spreche. In Bahia hat das gelbe Fieber bereits seit längerer Zeit keine so übermässigen Verheerungen angerichtet wie in Rio und Santos. Sehr verbreitet sind schlimme Formen der Syphilis in Brasilien. Die Neger sind besonders der Tuberculose ausgesetzt. Eine gefährliche infectiöse Hautkrankheit, gegen welche die Kunst des Arztes wenig vermag, ist die Lepra. Zuerst zeigen sich Knötchen oder Flecken im Gesicht, auf dem Rücken oder den Händen, darauf bilden sich Geschwüre, und es können schliesslich ganze Glieder des Körpers, z. B. Finger, abgestossen werden.

Während die Lepra durch einen Bacillus verursacht wird, kommt die Elephantiasis, eine andere, zumal auch in Bahia häufige Krankheit, durch die Lebensthätigkeit einer Filaria (Nematodenart) zu Stande. Die Würmer haben ihren Sitz in den Lymphgefässen, und unter häufig wiederkehrenden Fieberzuständen des befallenen Individuums kommt allmählich die Krankheit zur vollen Entwickelung. Es macht sich besonders an den unteren Extremitäten eine Hypertrophie der Cutis und des Unterhautzellgewebes geltend, so dass z. B. die Unterschenkel oft gewaltig anschwellen und ganz unförmige Gestalt gewinnen.

Endlich ist noch die Beriberi-Krankheit zu erwähnen. Wir haben es hier mit einer miasmatischen Infectionskrankheit zu thun, welche die Mehrzahl der befallenen Individuen allerdings übersteht. Die noch nicht sicher ermittelten Keime scheinen zu ihrer Entwickelung hoher Temperatur und reichlicher Feuchtigkeitsmengen zu bedürfen. Sie dringen vom Boden aus in den menschlichen Organismus ein und rufen Störungen im Nervensystem hervor, die zu Lähmungen der Extremitäten, zu Herzleiden etc. Veranlassung geben.

Es ist Thatsache, dass manche Orte Brasiliens, z. B. Rio und Santos, zu bestimmten Zeiten in sanitärer Hinsicht sehr ungünstige Verhältnisse darbieten. Danach darf aber durchaus nicht, wie es freilich oft genug geschieht, das ganze weite Land beurtheilt werden; vielmehr ist hier ausdrücklich hervorzuheben, dass selbst typisch tropische, ausgedehnte Gebiete in Brasilien ein völlig gesundes Klima besitzen.

III. Reisen im Staat Bahia.

Es war für mich von besonderem Interesse, die merkwürdigen Caatingawälder im Innern des Staates Bahia sowie die Urwälder des Landes kennen zu lernen. Zu meiner grossen Freude bot sich mir bald Gelegenheit zur Erfüllung meiner Wünsche.

Ich lernte einen Herrn Kleinschmied-Wagner kennen, der im Sertão (d. h. im Innern) von Bahia ein Fazenda (Landgut) besitzt, welches er besuchen wollte. Er forderte mich auf, ihn zu begleiten, und nichts konnte mir angenehmer sein, als mit dem genannten Herrn zu reisen. Am 12. September trafen wir uns, wie verabredet worden war, noch vor Sonnenaufgang auf der Victoria. Um 6 Uhr ging unser Dampfschiff ab. Wir fuhren über die Bucht, an der schönen Insel Itaparica und kleineren Inseln vorbei, die fast alle im Schmuck zahlreicher Cocospalmen prangen. Nach Verlauf einiger Stunden erreichte das Schiff den tief aus dem Innern Bahias kommenden Paraguassú. Dieser Fluss ist an seiner Mündung recht breit; er durchströmt das Land in vielfachen Windungen, und sein Bett erweitert sich zuweilen derartig, dass man glaubt, sich auf einem kleinen Landsee zu befinden. Der Paraguassú wird der Schönheit seiner Ufer wegen wohl als brasilianischer Rhein bezeichnet. Freilich fehlen hier die Burgen, die sonstigen historischen Erinnerungen, die grossen Städte und die Rebengelände, die dem Rhein jenen Zauber verleihen, der ihn umschwebt.

Aber der Paraguassú hat auch Schönheiten besonderer Art. In seinem unteren Laufe steigen die Ufer zum Theil hoch und steil empor. Der Boden ist in üppigstes Grün gehüllt, aus dem zuweilen grosse, farbengesättigte Blüthen hervorleuchten. Hier erheben sich hohe Palmen, dort sieht man Zucker- und Tabakpflanzungen die Hänge bedecken. Ärmliche Negerhütten, aber auch stattliche Wohnhäuser der Plantagenbesitzer tauchen am Flussufer auf, und dann folgen wieder Strecken desselben, die dichtes Gebüsch wildwachsender Pflanzen schmückt. Mehrfach glaubt man am Ende der Wasserfläche angelangt zu sein; indessen plötzlich folgt das Schiff einer scharfen Krümmung des Flusses, und neue, liebliche Bilder enthüllen sich dem Blick des Reisenden. Alles schimmert im Lichtglanz der Tropensonne; über allem ist der blaue Himmel ausgespannt. Der Dampfer wendet sich bald nach dieser, bald nach jener Seite, um die Sandbänke im Fluss zu vermeiden. Maragojipe ist erreicht. Zahlreiche Neger kommen mit grossem Lärm an Bord, und eine dicke Negerin, der ihre Genossinnen eine Flasche Wein fortgenommen haben, welche sie singend und lachend austrinken, geräth in grösste Aufregung. Alles Reden und Gesticuliren bringt den verlorenen Schatz aber nicht zurück. Gegen zwei Uhr erreichten wir Cachoeira, eine am Paraguassú gelegene Stadt von ca. 12000 Einwohnern, die mit dem auf dem rechten Ufer des Flusses liegenden Orte São Feliz durch eine schöne Brücke verbunden ist. Der Paraguassú mag hier etwa 800 Fuss breit sein. Cachoeira sowie S. Feliz sind sehr wichtige Plätze durch ihre grossen Cigarrenfabriken und nicht minder dadurch, dass sie den Ausgangspunkt für die Eisenbahn und einige Strassen bilden, die in das Innere des Landes führen.

Nachdem wir uns in einem ganz nahe der Landungsbrücke gelegenen Gasthof einquartirt hatten, gingen wir nach S. Feliz, um dort einen Herrn Riegner zu besuchen, der eine sehr bedeutende Cigarrenfabrik leitet. Das grösste

Etablissement dieser Art ist in Händen eines Deutschen, des Herrn Dannemann. Wir wurden auf das Freundlichste aufgenommen, besahen zunächst die Fabrik, in der zahlreiche Negerinnen die weltbekannten Felixcigarren herstellen, und wanderten dann von Cachoeira aus bei starker Hitze durch ein enges, von üppigstem Pflanzenwuchs geschmücktes und von einem über Felsen lustig dahinrauschenden Bach durchströmtcs Thal. Auch am Abend hatten wir das Vergnügen, Gäste des Herrn Riegner zu sein. In seiner Wohnung angelangt, suchten wir vor allen Dingen die junge Frau des Hauses auf. Wir fanden sie im Garten. Sie trug ein weisses Gewand, und mit ihren Kindern spielend, hatte sie unter Palmen und blühenden Rosenstöcken Platz genommen. Beim Abendessen sprachen wir viel von unserem fernen Vaterlande sowie über brasilianische Zustände, wie es natürlich ist, wenn sich Landsleute auf fremder Erde begegnen.

Am anderen Morgen fuhren Herr Kleinschmied-Wagner und ich sehr zeitig in einem Kanoe von Cachoeira über den Paraguassú nach S. Feliz. Diese Kanoes sind lange, sehr schmale, aus einem ausgehöhlten Baumstamm gefertigte Boote, die man überall auf dem Fluss erblickt. In der Morgenkühle waren wir besonders empfänglich für die Schönheit des Thals, in welchem wir uns befanden. Von der Mitte des Flusses aus, dessen breite Wasserfläche ein leichter Windhauch kräusselte, geniesst man einen prächtigen Blick stromaufwärts und abwärts, sowie auf die sich an seinem Ufer erhebenden Berge, deren Hänge, soweit sie nicht von Häusern besetzt sind, im Kleide des Pflanzenwuchses prangen.

Von S. Feliz führt eine Eisenbahn, die einer englischen Gesellschaft gehört, in fast genau westlicher Richtung und nahezu parallel dem Laufe des Paraguassú ins Innere des Staates Bahia. Es wird täglich nur ein Zug von S. Feliz aus abgelassen. Drei Mal in der Woche fährt derselbe bis ans Ende der Bahnstrecke; an den übrigen Tagen geht er nur bis Curralinho.

Auf dem Bahnhof herrschte bereits ein reges Leben als wir ankamen. Die Eisenbahnzüge führen in Brasilien nur erste und zweite Classe. Letztere ist nicht viel besser als unsere vierte, und die erste gleicht mehr oder minder unserer zweiten Classe. Nach einigem Suchen fanden Herr Kleinschmied und ich sowie ein Brasilianer, der sich uns angeschlossen hatte, gute Plätze in einem Wagen erster Classe. Man sitzt auf drehbaren, mit Korbgeflecht überzogenen Stühlen, die zu beiden Seiten eines Mittelganges angebracht sind. Die Reisegesellschaft bestand aus Weissen, Mulatten und Negern. Viele Personen trugen leichte Staubmäntel. Um 7 Uhr setzte sich der Zug in Bewegung. Die Fahrt geht zunächst durch eine landschaftlich sehr schöne Gegend. Die Bahn steigt, indem sie manche Windungen beschreibt, ganz allmählich an den steilen Hängen empor. Prächtige, weite Ausblicke auf das Thal des Paraguassú erfreuen das Auge; dann wieder schöne Bilder in unmittelbarster Nähe, indem man, über tief eingeschnittene, enge Thäler hinweg fahrend, herrliche Waldlandschaften unter sich sieht, die von rauschenden Bächen durchströmt werden. Zuweilen hat man beim Bau der Bahn die Gneissfelsen durchbrechen müssen, und an solchen Stellen bewegt sich der Zug zwischen zwei ganz nahe gerückten, hohen, senkrechten Mauern weiter, deren von Wasser triefendes Gestein sich aber fast völlig unter einer grünen Decke der mannigfaltigsten Pflanzenformen verbirgt. Ab und zu tauchen auch niedrige Hütten auf, umgeben von kleinen mit Tabak, Mais oder Maniok bepflanzten Feldern.

Ist das etwa 700 Fuss über dem Meeresspiegel gelegene Plateau erreicht, so tritt der Wald mehr zurück. Man fährt längere Zeit durch sumpfiges Terrain, bis sich, wie mit Zauberschlag, bei Curralinho der Character der Landschaft urplötzlich völlig ändert. Wir gelangen in die merkwürdige

Caatingaregion, welche einen grossen Theil des Innern von Bahia und Pernambuco ausmacht.

Eine unabsehbare Ebene dehnt sich vor uns aus. Die Luft ist stauberfüllt, so dass die Bläue des Himmels dadurch getrübt wird. Die Sonne brennt heiss. Der dürre Boden besteht aus grauweissem, lockerem Sand. Auf ihm wachsen uberall, was ganz besonders auffallend erscheint, zu dichtem, zum Theil undurchdringlichem Gestrüpp vereinigte, meist völlig laublose, dornige Sträucher, die nur hier und dort von einzelnen Bäumen wenig überragt werden. Zwischen den Sträuchern erheben sich oft in grosser Anzahl ca. 20 Fuss hohe Mandacarus, d. h. Cereusbäume (Cacteen), deren mächtiger, an seiner Basis holziger Stamm sich weiter nach oben in einzelne dicke, 4—5 kantige, fleischige, verzweigte, mit langen Dornen besetzte Äste auflöst. Den Boden zwischen den Sträuchern bedecken sehr grosse Gravattas, erdbewohnende Bromeliaceen mit halb verdorrten scharfrandigen, rosettenartig gruppirten Blättern, über welche die vertrockneten Blüthenstände emporragen, und nur wenige andere Pflanzen, die zum Theil graugrüne, stark behaarte Blätter tragen. Auch niedrige Fächer- und Fiederpalmen sind reichlich vertreten. Die Caatingas sind die laubwerfenden Buschwälder Brasiliens. Wir kommen alsbald näher auf ihre Eigenthümlichkeiten zurück, wollen aber zunächst sehen, wohin uns die Reise führt.

Wir fuhren immer weiter gen Westen durch die Caatinga. Hier und da tauchten aus der Ebene hohe, schroffe Felsmassen auf, deren Wände mit Flechten bedeckt waren. Der Zug fuhr jetzt recht schnell, und als ich meine Verwunderung darüber äusserte, sagte mir mein Reisebegleiter, dass er dem Zugführer ein Trinkgeld gegeben habe, damit wir rasch weiter kommen möchten. Von Zeit zu Zeit aber ging es wieder langsam fort; die Pfeife der Locomotive ertönte ununterbrochen. Dann lief ein Pferd dem

Zuge voran, das sich von seiner dürren Weide auf den Bahnkörper verirrt hatte und nun nicht weichen wollte. Um 3 Uhr erreichten wir Sitjo-Novo. Wir verliessen den Zug. Die Stationsgebäude sind im Innern Brasiliens meist sehr klein. Der hohe Perron ist ungemein schmal und gewöhnlich mit Kisten und Säcken derartig vollgestellt, dass man sich mit einiger Vorsicht auf demselben bewegen muss. Die Pferde für Herrn Kleinschmied, den Brasilianer, für mich und einen Diener sowie Maulthiere für unser Gepäck standen bereit.

Irgend welchen besonderen Gefahren ist der Reisende in diesen Gegenden Brasiliens nicht ausgesetzt. Von Raubanfällen habe ich nichts gehört, indessen zur Sicherheit führen die Weissen doch meist Pistolen und die Neger Flinten mit sich.

Wir ritten gen Norden und kamen bald an das flache, sandige, von grünem Gebüsch umsäumte Ufer des Paraguassús. Halb voll Wasser gelaufene Böte, über die Bretter gelegt worden waren, dienten für uns und die Thiere als Fähre. Als wir eben vom Lande abstossen wollten, erhob sich plötzlich ein heftiger Wind, so dass die Fahrt auf dem zerbrechlichen Floss über den ziemlich schnell strömenden Fluss etwas bedenklich erschien. Wir erreichten das linke Ufer aber glücklich und eilten so schnell wie möglich weiter, immer auf einem Sandweg zwischen blattlosen Büschen der Caatinga fort. Allmählich wurde es dunkel. Wir hielten fünf Minuten vor der Hütte eines Halbindianers, um unseren Durst zu löschen, und mussten von nun an, da es so finster geworden war, dass man in ganz geringer Entfernung nichts mehr erkennen konnte, überdies der Weg entsetzlich schlecht erschien, ganz langsam reiten. Die Zügel locker haltend, überliessen wir uns dem Instinkt der Pferde. Die treuen Thiere fanden den Weg sehr gut; an manchen schlechten Stellen, auf felsigem, abschüssigem Grund tasteten sie, den Kopf tief geneigt, zunächst mit den Vorderbeinen, bevor sie sicher zutraten. Um 9 Uhr erreichten wir Villa do Orobó oder, wie der Ort auch wohl genannt wird, Rosario do Orobó, wo uns der Dorfschullehrer Prof. Flavio Sihany und die Seinen begrüssten. Mit Freude und warmer Dankbarkeit erinnere ich mich nur gar zu gerne der Tage, die ich im gastlichen Hause des Herrn Sihany verbrachte. Kleinschmied und der Brasilianer reisten bald nach der Fazenda weiter, wohin ich ihnen später folgte. Zunächst blieb ich in Orobó, um die Caatingaformation, von der das Dorf rings umschlossen ist, zu studiren.

Orobó hat nur als Station für den Verkehr zwischen der Küste und dem Innern Bedeutung. Wasser, welches der dürren Caatinga vielfach fast völlig fehlt, ist in einiger Entfernung vom Dorf selbst zur trockenen Jahreszeit vorhanden, und damit eine der wesentlichsten Lebensbedingungen für den Menschen gegeben.

Der Haupttheil des Dorfes Orobó, an den sich noch einige weitere Häuserreihen anschliessen, wird von einem sehr grossen, rechteckigen Platz gebildet. In der Mitte desselben steht die Kirche, vor ihr ein hohes Kreuz, und hinter ihr sind einige Tamarindenbäume angepflanzt. Die den Platz umgebenden, niedrigen Häuser wenden sämmtlich ihre Fronten der Kirche zu. Hinter ihnen liegen kümmerliche Gärten, und in geringer Entfernung vom Ort einzelne Negerhütten zerstreut, vor denen völlig nackte Kinder von wirklich froschartigem Aussehen spielen. Wenn dieselben umherlaufen, so pflegen sie tactmässig mit den Händen auf die Oberschenkel zu schlagen. Betreten wir das Haus des Herrn Sihany, so gelangen wir zunächst auf einen schmalen Gang. Links von demselben nach der Strasse zu liegt das Besuchszimmer. Dann folgen einige dunkle Schlafräume und am Ende des Ganges befindet sich ein grösserer Raum, der als Speise- und Wohnzimmer dient. Das Haus wird bewohnt von Herrn Sihany, seiner Frau Maria, seinen

15 und 17 Jahre alten Töchtern Zulmira und Isaura sowie von der alten Mutter der Frau Maria. Herr und Frau Sihany unterrichten die Dorfjugend, während die Töchter fast den ganzen Tag an Stickereien arbeiten, die man überhaupt in Brasilien in grosser Menge und in den verschiedensten Qualitäten anfertigt. Die Mädchen zeigten stets ein tactvolles, ungezwungenes Benehmen. Am Sonntag legten sie viel Gewicht auf ihren Anzug, indem sie dann in weissen, mit vielen Spitzen verzierten Kleidern erschienen. Völlig selbstverständlich erschien es den beiden jungen Brasilianerinnen, sich im Wohnzimmer, unbekümmert um meine Gegenwart, mehrfach am Tage Gesicht und Hände zu waschen, oder ihr schönes schwarzes Haar aufzulösen, um es neu zu flechten. Clavier spielten die Töchter des Herrn Sihany viel, wie das überhaupt die Brasilianerinnen thun. Die Fingerfertigkeit ist dabei gross, aber von ausdrucksvollem Spiel findet man meist keine Spur. Abends kamen mehrfach Freundinnen der jungen Mädchen ins Haus. Dann tanzten dieselben mit einander im Besuchszimmer, stets im möglichst langsamen Tempo. Die jungen Männer des Dorfes schauten durch die geöffneten Fenster zu, ohne aufgefordert zu werden, näher zu treten. Dem gut empfohlenen Fremden gegenüber zeigen sich die Brasilianerinnen freundlich und zuvorkommend. Kommt man indessen in ein Haus, zu dem man keine näheren Beziehungen hat, so werden die Frauen möglichst fern gehalten; sie können aber ihrer Neugierde nicht widerstehen und suchen den Gast durch die halbgeöffnete Thür oder Thürspalten zu beobachten. Eines Abends besuchten wir eine befreundete Familie. Es wurde Guitarre gespielt und dazu gesungen. Plötzlich stürzte von der Strasse her ein mittelgrosser Hund, dem Schaum vor dem Maule stand, mit lautem Gebell in den Raum, in welchem er wüthend umherraste. Wir sprangen alle auf die Tische, denn wir hatten es mit einem tollen Hund zu thun. Glücklicher

Weise gelang es bald, das Thier zu verscheuchen und nachher zu erschiessen. Die Tollwuth soll im Innern Bahias eine nicht gar selten vorkommende Krankheit der Hunde sein.

Von Orobó aus unternahm ich in Begleitung eines Führers, eines Negers mit Namen Patico, oder später auch allein Streifzüge in die Caatingas. Schon Spix und Martius haben die Characterpflanzen der Region aufgeführt, von denen ich viele ebenfalls sah. Da sind zunächst zu nennen die überall verbreiteten, schon erwähnten, riesigen Cereusarten, dann Opuntien und kopfgrosse Cacteen mit vorspringenden Längsleisten (Echinocactus?). Ferner die grossen, erdbewohnenden und oft weite Strecken Landes bedeckenden Bromeliaceen, kleinere Fächer sowie Fiederpalmen und die ziemlich hohe Cocos coronata. Martius erwähnt ferner Spondias tuberosa, in Brasilien Imbú genannt, einen Baum, dessen horizontal verlaufende Wurzeln mit knollenartigen, hohlen, Wasser führenden Anschwellungen versehen sind, die Barriguden oder Tonnenbäume, Bombaceen, deren Stamm in seiner Mitte mächtig angeschwollen ist und nach oben sowie unten dünner wird, und die merkwürdige Euphorbia phosphorea, deren durch Anschneiden der Pflanze zum Ausfliessen gebrachter Milchsaft bei schwüler Gewitterluft einige Secunden leuchtet. Von beblätterten Gewächsen, die ich in der Caatinga sah, nenne ich eine Milchsaft führende Ficusart mit grossen, lederartigen Blättern, Gamelleira von den Brasilianern genannt, Acacien und andere Leguminosensträucher mit behaarten Blättern, Yco, eine hohe Capparisart mit gelben Blüthen und derben, unterseits haarigen Blättern, Jurubeba, d. i. Solanum paniculatum, ein dorniger Strauch, der unterseits graufilzige Blätter und schöne grosse blaue Blüthen trägt, Cansanção, eine Jatrophaart (Familie der Euphorbiaceen), mit Blättern, die mit Brennhaaren besetzt sind, bei deren Berührung man einen sehr heftigen Schmerz verspürt. Alecrim do campo, eine Lantanaspecies

(Familie der Verbenaceen), trug ganz kleine, gelbgrüne Blätter, während die meisten Bäume und Sträucher, unter denen sich namentlich Leguminosen durch stark duftende Rinden auszeichneten, zur Zeit meines Aufenthaltes in den Caatingas blattlos waren.

Je länger ich in der Caatingaregion verweilte, um so klarer wurde mir, dass die gesammte Vegetation derselben sich besonders nach zwei Richtungen hin den herrschenden Umständen accomodirt hat. Sie besitzt Schutzmittel gegen die ungeheure Dürre des Klimas, und sie ist ferner bewehrt, um sich gegen Zerstörungen durch Thiere zu sichern.

In der Caatingazone giebt es einigen Regen in den Monaten September bis Februar. In manchen Jahren sind aber selbst diese Regenfälle sehr spärlich. Ich hielt mich im September im Innern Bahias auf. Am Tage herrschte grosse Hitze, trotzdem oft Wolken am Himmel standen und einige Male ein kurz dauernder Sprühregen fiel. In der Nacht trat Abkühlung ein, indessen zeigte das Thermometer kurz nach 6 Uhr morgens doch z. B. schon 21° C. Von einem Erwachen der Vegetation, die während der ganzen Trockenperiode von Februar bis September geruht hatte, war noch keine Rede, denn die geringen Feuchtigkeitsmengen, die der Boden empfing, verdunsteten der Hauptsache nach schnell unter dem Einfluss der Sonnenstrahlen, so dass sich der Sand trocken und warm anfühlte.

Unter solchen Umständen erscheint es allerdings im höchsten Grade zweckmässig, wenn die meisten Gewächse der Caatingas während der regenlosen Zeit blattlos dastehen und nur dann ihren Blätterschmuck erhalten, wenn genügende Feuchtigkeit im Boden vorhanden ist. Würden sie während der Trockenperiode ihr Laub behalten und nur einigermaassen stark verdunsten (lebhaftere Verdunstung ist ja eine unmittelbare Folge des Vorhandenseins von Blättern), so könnte dies verhängnissvoll für die Existenz der Pflanzen werden. Der Boden ist zur regenlosen Zeit fast wasserfrei; die Wurzeln vermögen demselben also keine Feuchtigkeit zu entziehen. Machte sich energischere Transpiration unter Vermittelung der Blätter geltend, dann müsste die ganze Pflanze allmählich austrocknen und schliesslich absterben, da nur das in ihrem Gewebe enthaltene Wasser zur Verfügung stünde.

Es giebt nun aber, wie bereits erwähnt wurde, doch einige stets belaubte Caatingagewächse. Bei diesen wird die Transpiration dadurch auf ein Minimum reducirt, dass ihre Blätter derbe, lederartige Consistenz besitzen oder sehr stark behaart sind, also Eigenschaften zeigen, die, wie allgemein bekannt, die Wasserabgabe der Organe ungemein herabmindern.

Ferner ist hier auf die Wasserspeicher vieler Caatingabewohner aufmerksam zu machen. Die Tonnenbäume sammeln Wasser in ihren verdickten Stämmen an und können während der Trockenperiode auf Kosten desselben existiren. Spondias tuberosa hat Wasserreservoire in Gestalt der erwähnten hohlen, knolligen Gebilde der Wurzeln. Das mächtig entwickelte fleischige Gewebe der Stämme von Cereus sowie anderer Cacteen saugt sich zur Regenzeit gleich einem Schwamm voll Wasser und bleibt selbst bei grösster Dürre noch saftreich, da die im Vergleich zur Masse der Stämme geringe und zudem noch stark cuticularisirte Oberfläche derselben nur wenig Wasser verdunstet. Bei den Bromeliaceen sammelt sich Wasser zwischen den basalen Theilen der rosettenartig gruppirten grossen Blätter an.

Es wäre auch zu untersuchen, ob der hohe Gehalt zahlreicher Caatingapflanzen an ätherischem Öl, welches, indem es verdunstet, die ganze Luft mit Duft erfüllt, nicht etwa im Dienste einer Transpirationsverminderung der Gewächse steht. Möglich erscheint es aber auch, dass dies ätherische Oel ausschliesslich als Schutzmittel gegen Thiere in Betracht kommt.

In Brasilien fiel mir auf, dass die Stämme oder Zweige der Bäume und Sträucher um so mehr eine grauweisse Färbung erkennen lassen, je heisser und trockener das Klima ist. In der Caatinga zeigen alle Rinden diese Farbe in besonders ausgeprägter Weise, und in meinem Tagebuch finde ich die Notiz, dass auch die vorhandenen Flechten hell gefärbt sind. Lichte Farbe schützt aber einen Körper vor starker Erwärmung, und es ist von vornherein wohl denkbar, dass die lebendigen Gewebe namentlich dünnerer Stämme und Zweige unter dem Einfluss glühender Sonnenstrahlen, im Falle die sie umgebende Rinde dunkle Farbe besässe, zu Grunde gehen könnten. Wenn nun auch die gerade in kälteren Gegenden so recht verbreitete Birke einen weissen Stamm entwickelt, so steht diese Thatsache nicht im absoluten Widerspruch mit dem Gesagten, denn die helle Rindenfarbe kann für diesen Baum zumal insofern von Vortheil sein, als durch sie einer zu schnellen Abkühlung vorgebeugt wird.

Die Waffen der Caatingapflanzen gegen Thiere sind mannigfaltiger Natur. Die hohen Cereusstämme tragen Dornen, die ich zum Theil 10 cm lang, holzig und nadelspitz fand. Die blattlosen Sträucher bilden vielfach ein undurchdringliches, dornenreiches Gestrüpp. Die Ränder der grossen Bromeliaceenblätter sind mit spitzen Sägezähnen versehen. Weitere Pflanzen, z. B. Jatrophaarten, erscheinen durch Brennhaare geschützt etc. Diese letzteren, ebenso anderweitige Haarbildungen sowie vielleicht auch die Ausscheidungen von ätherischen Ölen mögen wohl in erster Linie als Schutzmittel gegen die ungeheuren Termitenmengen der Caatinga, auf die wir unten zurückkommen, und gegen Ameisen dienen. Die Dornen und Stacheln der Pflanzen kommen aber sicher nur als Waffen gegen grössere Thiere in Betracht. Von solchen leben heute in der bereisten Gegend besonders Jaguare, Gürtelthiere, Ameisenbären und Rehe. Nur die letzteren beanspruchen hier unser Interesse, denn die drei ersteren Thierformen fressen keine Pflanzentheile. Heute giebt es in der Caatinga so wenige Rehe, dass man nicht begreift, weshalb die gesammte Pflanzenwelt in Wehr und Waffen dasteht. Es ist aber anzunehmen, dass diese Rehe früher viel zahlreicher waren, oder vielleicht dürfte auch ein anderes Moment zu berücksichtigen sein. In der Diluvialzeit nämlich lebten riesige pflanzenfressende Faulthierformen in Brasilien. Eventuell zeigt die Vegetation des Landes jetzt noch vielfach Eigenthümlichkeiten, welche in längst vergangener Zeit unter dem Zwange der damals herrschenden Umstände erworben wurden und sich bis heute erhalten haben.

Von Orobó aus erblickt man nach der einen Seite hin Berge, welche die Serra do Orobó, die als nördlicher Ausläufer der Serra da Montiqueira betrachtet wird, bilden. Diese Berge zogen mich sehr an, und ich besuchte sie mehrfach. Man wandert eine Zeit lang durch die ebene Caatinga, dann überschreitet man wasserleere Bäche, in deren Bett der Boden aber doch in Folge nicht völlig mangelnder Feuchtigkeit mit frischem Grün überzogen erscheint, und kommt allmählich in ein hügeliges Terrain. Die Dürre ist hier nicht mehr so gross wie im ebenen Lande; je weiter man fortschreitet, um so üppiger entfaltet sich die Vegetation in Folge des im Gebirge gegebenen höheren Wassergehaltes von Boden und Luft. Ich werde weiter unten den schönen Urwald (mata virgem) der Serra do Orobó zu besprechen haben. Hier beschränken wir uns zunächst auf das durch die ersten Hügelreihen der Serra gebildete Grenzgebiet zwischen Caatinga und immergrünem, üppigem Laubwald.

Da fallen besonders nicht sehr hohe Fächer- und Fiederpalmen auf, die, dicht gedrängt stehend, wirkliche Haine bilden. Dann Gruppen von Bäumen, deren Kronen im buchstäblichen Sinne des Wortes in einen grauen, lang herabhängenden Schleier gehüllt erscheinen. Man möchte meinen, dass Bartflechten die Zweige verhüllten; in Wirklichkeit haben wir es aber mit einem ganz anderen Epiphyten, nämlich Tillandsia usneoides, zu thun, einer Bromeliacee, die im tropischen und subtropischen Amerika sehr verbreitet ist. Ich sah die Tillandsia niemals üppiger entwickelt, als hier in den Bergen bei Orobó, wo die Luft heiss und zugleich noch sehr trocken ist.

Die Bromeliaceen, welche, besonders neben den Cacteen und Melastomaceen, Pflanzenfamilien darstellen, die für die heisseren Theile Amerikas so recht charakteristisch sind, haben eine überaus mannigfaltige Ausgestaltung erfahren, und zu ihren merkwürdigsten Repräsentanten gehört Tillandsia usneoides. Die Pflanze ist wurzellos. Ihre verzweigten, fadenförmigen, mit kleinen Blättern besetzten Stengel umwinden mit ihrem unteren Ende die Äste und Zweige, von denen die Pflanze herabhängt. Die Tillandsia kann ohne Schaden lange Zeit im ausgetrockneten Zustande verharren. Regnet es, so nimmt sie mittelst sehr eigenthümlicher Schuppenhaare, mit denen ihre Oberfläche bedeckt ist, Wasser auf und gewinnt dadurch eine grünliche Farbe. Die Vermehrung der Pflanze erfolgt wesentlich auf vegetativem Wege, indem losgerissene Stücke der Schweife vom Winde fortgetragen werden, auf Zweige gelangen und sich hier befestigen.

Der Wald unseres Übergangsgebietes, aus Myrtaceen, Meliaceen, Sapindaceen etc. zusammengesetzt, ist nicht sehr geschlossen. Ein Baum, nämlich Spondias purpurea (Familie der Anacardiaceen), erregte mein besonderes Interesse durch seine schönen, gelblich rothen, angenehm süsslich säuerlich schmeckenden Früchte, die unter dem Namen Caja (nicht Caju, denn dies ist eine andere Frucht) bekannt sind. Ich habe diese Früchte hier wie an anderen Orten oft auf Touren genossen, um den brennenden Durst zu löschen. Das ist kein Durst, wie man ihn bei uns kennt, sondern ein quälendes Gefühl des Flüssigkeitsmangels im ganzen Körper, welches man nicht beschreiben kann.

Im Walde überraschte zuweilen der Anblick einer Bougainvilleae, die über und über mit Blüthen bedeckt ist, so dass sich die ganze Pflanze gleich einem rosafarbigen Riesenbouquet wundervoll vom grünen Laub der Umgebung abhebt. Dann sieht man kletternde Bignonien in Blüthe, kletternde Aroideen und erdbewohnende Amaryllideen mit grossen ziegelrothen Blüthen auf hohem Schaft. Unter den Epiphyten fielen mir namentlich ziemlich grossblätterige Bromeliaceen und vier verschiedene Orchideenarten auf, darunter eine mit gelben, eine andere (Cattleya) mit herrlich rosafarbenen, grossen Blüthen. Diese Epiphyten und ebenso viele andere, z. B. Farne, Araceen, Melastomaceen, Rubiaceen etc., erscheinen in mancher Hinsicht den besonderen Lebensbedingungen, unter denen sie auf den Bäumen existiren, angepasst. Die Samen der Epiphyten sind mit saftigen Umhüllungen oder mit Flugapparaten ausgerüstet, damit sie unter Vermittelung von Thieren oder des Windes an die bezeichneten Standorte gelangen können. Die uns hier speciell interessirenden Bromeliaceen und Orchideen, sowie weitere Epiphyten bringen Haftwurzeln zur Ausbildung, welche sich dem Substrat zur Erzielung einer ausreichenden Befestigung fest und dicht anschmiegen. Bei den Orchideen vermittelt das bereits früher erwähnte Velamen der oft lang in die Luft herabhängenden Nährwurzeln in erster Linie die Wasseraufnahme, während sich bei den Bromeliaceen Wasser im Grunde der Blattrosetten ansammelt und von hier aus in den Organismus übertritt. Für die in Rede stehenden Gewächse unseres Übergangsgebietes zwischen Caatinga und Mata mit relativ trockener Luft ist weiter der Besitz von Geweben, die zur Aufspeicherung von Wasser dienen können, von grosser Wichtigkeit, und in der That sah ich auch die Orchideen mit Stammanschwellungen (Scheinknollen) oder mit fleischigen, dicken Laubblättern versehen, ja selbst die Perigonblätter der Blüthen einiger Arten erschienen nicht dünn und zart, sondern recht saftig, um vor raschem Welken geschützt zu sein.

Herr Kleinschmied war, wie erwähnt, auf seine Fazenda gereist. Er sandte mir nach einiger Zeit einen schwarzen Diener, sowie Pferde, und ich gelangte in achtstündigem, anstrengendem Ritt von Orobó auf sein Landgut Leão dos Brejos. Zunächst ging es eine Strecke durch die Caatingaregion, dann durch Palmenhaine und lichten Wald. Wir gelangten in die Serra do Orobó, von deren Höhen aus man manchen prächtigen Blick auf die mit Baumwuchs oder mit hohem, dürrem Gras bekleideten Hänge der Berge geniesst. Auch bei zwei Fazenden kamen wir vorbei, in deren Nähe Rinderherden ruhten. Wir konnten mitten durch dieselben hindurchreiten, ohne dass sich nur eines der durch die Hitze des Tages ermatteten Thiere erhob. Der Boden nahm allmählich den lehmigen Charakter und die rothe Farbe des Laterites an. Ich sah hier zum ersten Mal die merkwürdigen, hohen Bauten der Termiten auf der Erde, während diese später eingehender zu besprechenden Thiere in der sandigen Caatinga ihre Nester nur auf Bäumen anlegen. Die oft sehr steil ansteigenden Pfade werden immer schlechter, aber mehr und mehr entfaltete sich die herrliche Vegetation des immergrünen tropischen Urwaldes. In der Ferne ertönte zuweilen der einförmige Gesang beim Baumfällen beschäftigter Neger. Ein Krachen im Walde verkündete, dass wieder einer seiner uralten Riesen der Macht des Menschen gewichen war. Wir passirten Bäche, deren Ufer in frischem Grün prangten. Besonders ist mir noch ein sehr malerisches Waldbild erinnerlich, dem ein mächtiger, über einen Wasserlauf hingesunkener Baum einen hohen Reiz verlieh. Derselbe war durch zahllose auf seinem morschen Stamm angesiedelte kleinere Gewächse ganz in Grün gehüllt, und glich, als wir unter ihm dahin ritten, einer schönen, dichten Laube. Gegen Abend trafen wir auf der Fazenda Leão dos Brejos ein, die mitten in der Serra do Orobó am Abhang eines Berges in einer grossen von einem Bach durchströmten Waldlichtung liegt.

Herr Kleinschmied bewohnt ein einfaches Haus. In der Nähe desselben befinden sich die Wirthschaftsgebäude, Ställe, eine Schmiede und die Wohnungen der meist schwarzen Arbeiter. In grösserer Ausdehnung werden auf der Plantage Caffee, Manioc, sowie Mais cultivirt. Auch Rindviehzucht soll demnächst in erheblichem Maasse betrieben werden. Jedoch bevor ich auf die Cultur des Landes eingehe, will ich zunächst den Urwald in der Nähe der Fazenda charakterisiren und dabei überhaupt den brasilianischen Urwald besprechen, den ich nicht nur hier, sondern auch an manchen anderen Orten, z. B. bei Santo Amaro in Bahia, sowie in den Staaten Rio de Janeiro und Espirito Santo, vielfach durchstreifte.

Wenn man sich einem Urwald nähert, so sieht man vielfach nichts von den mächtigen Stämmen, die er birgt. Da, wo der Wald an Feld, an einen Weg oder einen Fluss grenzt, erhebt sich eine dichte, grüne Wand, die aus einer Fülle der mannigfaltigsten Pflanzenformen zusammengefügt ist, und von den mit Epiphyten geschmückten Kronen der hinter ihr sich erhebenden Waldbäume, von denen die Enden langer Lianen herabhängen, überragt wird. Von meiner Wohnung auf der Fazenda aus brauchte ich nur wenige Minuten zu gehen, um vor einer solchen Wand zu stehen. Da erheben sich zehn Fuss hohe Solaneensträucher mit grossen Blättern, deren Spreiten Stacheln tragen, milchsaftführende Euphorbien, Cecropien, sowie andere kleinere Bäume, dornige Acacienbüsche mit zarten Blättern, die im Schatten ausgebreitet sind, sich aber unter dem Einfluss der Sonnenstrahlen zusammenlegen, Urticaceen, Piperaceen, Melastomaceen, Bauhinien mit sonderbaren zweihörnigen Blättern etc. Dazu gesellen sich Schlinggewächse, z. B. rankende Momordicaarten, deren orangefarbene Früchte und carminrothe Samen aus dem Grün hervorleuchten, sowie windende Paullinien (Familie der Sapindaceen) und Aristolochien. Bis in die Kronen der Bäume steigen Kletterpflanzen empor. Gleich anmuthig geschwungenen Guirlanden verbinden sie einen Stamm mit dem anderen, oder sie durchranken das Gebüsch. An vielen Stellen ist dasselbe ohne weiteres uberhaupt nicht passirbar; aber auch da, wo der Pflanzenwuchs etwas lichter wird, setzt man sich beim Vordringen der Gefahr aus, dass Dornen und Stacheln die Kleider zerreissen oder den Korper verwunden. Haben wir uns unter Zuhülfenahme eines krummen Waldmessers (Facão) und der Axt einen Weg durch das Dickicht gebahnt, so treten wir ein in den eigentlichen tropischen Urwald. Unter den Baumen herrscht tiefes Dämmerlicht, und während uns am Rand des Waldes die üppigste Blattfülle entgegentritt, erblicken wir hier, wenn wir das Auge nicht zu den Kronen erheben, oft nur überaus wenig grünes Laub. Hier und da sehen wir einzeln stehende Palmen, Heliconia- oder Marantaarten. An recht feuchten Stellen auch wohl Caladien, Farne, Selaginellen, bambusartige Gräser.

Im Wald bei der Fazenda trifft man auch einen Cereus von 6 Fuss Höhe mit kantigem, unverzweigtem Stamm an, dessen Vorkommen im Schatten der Bäume mir interessant erscheint.

Der Mangel an erdbewohnenden Kräutern und Sträuchern ist im Urwalde oft sehr auffallend; er erklärt sich ubrigens ganz naturlich daraus, dass das Licht in Folge des überaus dichten von den Bäumen gebildeten Laubdaches nicht in hinreichender Intensität bis zum Boden gelangen kann.

Bestehen unsere Walder gewohnlich nur aus einer oder wenigen Baumformen, so sind die Tropenwälder ungemein mannigfaltig gemischt. Wir sehen auf engem Raum Bäume der verschiedensten Familien zusammengedrängt, in Brasilien namentlich Melastomaceen, Myrtaceen (Lecythis mit riesigen, holzigen, dickwandigen Deckelfrüchten, Psidium), Rutaceen (Xanthoxylon), Leguminosen (Copaifera, mächtige Baume, aus denen man durch Anschneiden den Copaivabalsam gewinnt, Andira, Caesalpinia echinata, welche vorzugliches Rothholz liefert, Enterolobium Schomburgkii, dem das Vinhaticoholz, ein sehr gutes Nutzholz, entstammt), Bignoniaceen (Jacaranda brasiliana), Meliaceen (Cedrela odorata, eine Pflanze, die das Cigarrenkistenholz liefert), riesige Ficusstämme, Bombaceen, Euphorbiaceen, denen beim Anschneiden Milchsaft stromweise entquillt, Sapindaceen und viele andere mehr. Alle diese Bäume, von denen ich manche schon im Urwalde nahe der Fazenda erblickte, sind von sehr verschiedenartigem Aussehen. Die Rinde zahlreicher erscheint grau und ist ziemlich rauh, andere Stämme, z. B. diejenigen von Myrtaceen, sehen aus wie braune, glatt polirte Säulen, zu deren Basis mächtige, abgestreifte Borkenmassen herabgesunken sind. Man begegnet ferner Stämmen, die in verschiedener Anordnung Dornen von sonderbarer Beschaffenheit tragen.

Fast alle Bäume erheben sich gleich herrlichen Säulen schnurgerade und verzweigen sich erst in bedeutender Höhe. Viele steigen bis zu etwa 100 oder 150 Fuss empor, aber es giebt natürlich in den Urwäldern auch niedrigere Bäume, so z. B. die Palmen Euterpe und Astrocaryum, die ich freilich nicht in Bahia, wohl aber in den Küstenwäldern von Rio de Janeiro und Espirito-Santo antraf. Die erwähnten Fiederpalmen wachsen stets im Schatten des Laubdaches anderer Pflanzen. Während die Stämme von Euterpe recht hoch werden, erreichen die dornenbesetzten entsprechenden Organe von Astrocaryum nur die Länge von einigen Metern. Von den wundervollen Farnbäumen mancher Wälder wird später die Rede sein.

Die Mehrzahl der Bäume in der Nähe der Fazenda zeigte, abgesehen von einigen Formen, z. B. der Copaifera, keine sehr bedeutende Dicke. Bei S. Amaro im Staat Bahia, ebenso in Espirito-Santo sah ich indessen viele uralte Riesenstämme. Solche von 30 Fuss Umfang gehören nicht zu den Seltenheiten, und man begegnet ihnen oft; es fehlen im Urwalde aber auch hier niemals die Bäume von geringerem Durchmesser.

Viele Menschen mögen die Vorstellung haben, dass es

mit ungeheuren Schwierigkeiten verbunden sein muss, im Urwalde vorwärts zu kommen. Freilich gilt das allerdings für manche Bergwälder, z. B. bei Rio, wo den Boden undurchdringliches Bambusgebüsch, Farnbäume und sonstiges Unterholz bedecken, welche im lichten Schatten der Bäume und in der Feuchtigkeit triefenden Umgebung kräftig gedeihen. In Bahia, sowie an anderen Orten war immer da, wo der Wald sich auf ebenem Terrain entwickelte, das Eindringen in denselben die Hauptschwierigkeit. Zwischen den Stämmen selbst konnte man sich im tiefen Schatten des Laubdaches, unter dem eine schwüle, von Moderduft erfüllte Luft ruht, ziemlich leicht bewegen. Allerdings stellen sich auch hier dem Wanderer noch manche Hindernisse in den Weg, die zum Theil sehr merkwürdig sind. Sehen wir ab von Unebenheiten des Bodens oder von Baumwurzeln, über die man stolpern kann, so wären hier zunächst oft vorkommende, gewaltige Anhäufungen dürrer Äste und Zweige, sowie riesige, umgesunkene Stämme, welche sich in allen Stadien der Zersetzung befinden, zu erwähnen, durch deren Anblick man erst so recht eine Vorstellung von den enormen Dimensionen der Tropengewächse gewinnt. In der Nähe der Fazenda fand ich einen solchen Stamm einmal in weiter Ausdehnung mit dem schön citronengelb gefärbten, schleimigen Plasmodium eines Myxomyceten bedeckt, und wenn man über die modernden Stämme hinweg klettern muss, so thut man gut, einige Vorsicht zu beachten, da dieselben häufig nur noch geringe Festigkeit und Tragfähigkeit besitzen.

Merkwürdig sind die unteren Theile vieler Waldbäume (Leguminosen, Myrtaceen, Ficusarten etc.) dadurch, dass sie sogenannte Bretter- oder Tafelwurzeln in Gestalt von Platten entwickeln, die nach allen Richtungen hin vom Stamm ausstrahlend, zur besseren Befestigung der Pflanzen im Boden dienen. Diese Bretterwurzeln entspringen zuweilen in einer Höhe von 6 Fuss über der Erde, haben einen schmalen, abgerundeten Rücken, und zwei benachbarte Tafeln, bilden nicht selten eine Art Nische, in der sich reichlich Humus ansammelt.

Höchst auffallend erscheinen dann sonderbare Gebilde von etwa Fingerdicke, die in den Urwäldern von Bahia in grosser Menge von den Kronen in die Luft herabhängen und auch oft in den Boden eindringen. Es sind dies Nährwurzeln einer Philodendronart, die Imbé genannt wird. Gleich vielen Bromeliaceen und Orchiden befestigt sich die genannte Aracee auf Ästen und Zweigen mit Hülfe ihrer Haftwurzeln. Sie sendet aber zugleich jene Nährwurzeln, die aus zähem Gewebe aufgebaut, unter Umständen eine Länge von 100 Fuss erlangen, in das Erdreich, um Wasser, sowie Salze in reichlicherer Menge aufzusaugen. Der Reichthum an Epiphyten ist überhaupt in Brasilien, zumal im recht feuchten Wald, sehr gross.

Gehen wir zu den Lianen über, von denen manche uns ebenso wie die Imbéwurzeln den Weg versperren, so ist zu bemerken, dass dieselben sämmtlich im Boden wurzeln, aber in verschiedenartiger Weise an anderen Gewächsen emporzuklettern vermögen. Dadurch suchen diese Pflanzen, die in ungemein grosser Artenzahl in den Tropen vorkommen und so sehr charakteristisch für deren Wälder erscheinen, während bei uns nur wenige Formen vertreten sind, an das Licht zu gelangen, dessen sie so nothwendig für ihre Existenz bedürfen.

Zu den Lianengewächsen gehören zunächst die von Schenk als Spreizklimmer bezeichneten Pflanzen. Sie tragen weder reizbare Ranken, noch vermögen sie zu winden, aber doch können sie sich festhalten und hoch empor klettern. Die Bougainvilleae spectabilis, schon früher von uns erwähnt und weit verbreitet in Brasilien, trägt Dornen, mit Hülfe derer sie sich an anderen ihr zur Stütze dienenden Pflanzen festhakt, um diese nun zu überlagern. Ähnlich verhalten sich auch die Desmoncusarten in Brasilien, Palmen, deren

Blattfiedern zum Theil in gekrümmte Dornen umgewandelt sind und vortrefflich zum Anklammern geeignet erscheinen.

Piperaceen, Begonien und Monsteraspecies klettern im brasilianischen Wald oft nach Art unseres Epheu. In der Nähe von Bäumen wachsend, erzeugen ihre Sprosse auf der weniger beleuchteten Seite Wurzeln, die als Haftorgane dienen. Die Araceen bilden daneben aber häufig noch in den Boden eindringende Nährwurzeln.

Viele Lianen, Bignoniaceen, Malpighiaceen, Aristolochiaceen, Papilionaceen, Apocynaceen, Convolvoeaceen etc., sind windende Pflanzen, die keine Ranken tragen, deren jugendliche Stammtheile aber gleich denen der Bohne oder des Hopfens andere Pflanzen in Folge sehr merkwürdiger physiologischer Eigenschaften umschlingen. Die Windepflanzen sieht man im Wald dünnere Bäume umstricken. Ihre Stämme, gleich riesigen Schlangen um den Stützbaum gewunden, verholzen sehr allgemein, können bis zu ein Fuss Durchmesser erlangen und tragen in ihren unteren Theilen dann keine oder nur wenige beblätterte Seitensprosse. Viele Windegewächse vermögen sich noch weiter mittelst stacheliger oder dorniger Bildungen an ihren Stützen festzuklammern.

Endlich dürfen wir hier die Rankenpflanzen Brasiliens, z. B. Cucurbitaceen, Compositen, Passifloren, Caesalpiniaceen etc., nicht vergessen. Die Ranken, ungemein mannigfaltig in ihrer Form, stellen metamorphosirte Stengel- oder Blattgebilde dar und sind allgemein durch ihr Vermögen charakterisirt, auf Contactreiz zu reagiren. Sie rollen sich um die Stütze, mit der sie in Berührung gelangten, oder erzeugen auch in einigen Fällen Haftballen, um sich und damit die Pflanze, der sie angehören, zu befestigen. Zu den merkwürdigsten rankenden Pflanzen, die ich kennen lernte, gehören Bauhiniaarten (Faml. d. Caesalpiniaceen). Die Stämme derselben nennt man in Brasilien Affentreppen (escada do macaco). Sie sind höckrig, flach bandartig gestaltet und stark gewällt. Häufig liegen sie mit ihrem unteren Theil auf dem Boden, steigen in schräger Richtung hoch empor, um sich in den Kronen der Waldbäume zu verlieren, wo ihre jüngeren Sprosse durch Ranken befestigt werden. Wenn die älteren Stammabschnitte rankender, aber auch windender Gewächse nicht selten frei durch die Luft ausgespannt sind, so kann diese Erscheinung ihren Grund nur darin haben, dass die Stämme oder auch die herabhängenden langen Luftwurzeln von Epiphyten, welche ihnen ursprünglich zur Stütze dienten, bereits zu Grunde gegangen sind, während die Lianen selbst erhalten blieben.

Wenden wir das Auge zu den Kronen der Bäume, so erblicken wir ein dichtes Gewirr von Ästen, Zweigen und Blättern, das wir bei der grossen Entfernung, die uns von demselben trennt, nicht in seine einzelnen Bestandtheile aufzulösen vermögen. Untersucht man aber das Laub umgesunkener Stämme oder vom Winde abgebrochener Zweige, dann bietet sich die Möglichkeit allgemeiner Orientirung. Viele Bäume tragen derbes dunkelfarbiges Laub. Die häufig ganzrandigen Blätter reflectiren das Licht zumal an ihrer glatten Oberseite stark, so dass dieselbe glänzend erscheint. Andere Bäume, z. B. Leguminosen, erzeugen aber auch zusammengesetzte, zarte Blätter, deren einzelne Theile zu vielfachen Stellungsänderungen befähigt sind. In den feuchten Küstenwäldern kommen oft an ihrem Ende lang zugespitzte Blattformen vor. Von diesen sogen. Träufelspitzen tropft das Wasser bei einem Regen in grosser Menge herab, und die hierdurch bewerkstelligte möglichst schnelle Trockenlegung der Blattfläche ist, wie Stahl zeigte, nach verschiedener Richtung hin von Wichtigkeit. Zunächst kommt in Betracht, dass ein baldiger Abfluss überschüssigen Wassers die Kronen entlastet; ferner wird durch denselben ermöglicht, dass die für das Leben so bedeutungsvolle transpiratorische Thätigkeit der Blätter nach Aufhören des Regens in kurzer Zeit wieder einsetzt, und endlich werden die Blattflächen durch schnellen Wasserabfluss von Keimen niederer Organismen gesäubert, welche, wenn sie sich auf den Spreiten in grösserer Ausdehnung entwickeln würden, die Function derselben wesentlich beeinträchtigen müssten.

In den Kronen der Bäume siedeln sich die mannigfaltigsten Epiphyten (Orchideen, Bromeliaceen, Araceen, Gesneraceen, Rhipsalisarten, Farne, Lycopodien etc.) an. Manche Bäume (Myrtaceen z. B.) sind arm, andere (Cedrela und Ficus) besonders reich an Epiphyten. Dem grössten Epiphytenreichthum begegnet man in recht feuchten Wäldern, wo dann auch die unteren Theile der Stämme im Schmuck zarter epiphytischer Farne prangen. Da die oben erwähnte Reinigung der Blätter von Keimen niederer Pflanzen natürlich keineswegs immer vollständig erzielt wird, so ist es nicht wunderbar, wenn auch die Blätter mancher Tropenpflanzen Epiphyten tragen. Ich habe solche Blätter bei Gelegenheit einer herrlichen Excursion auf den Pico do papagaio bei Rio gesammelt. Die Oberfläche derselben war mit einer förmlichen grünen Kruste bedeckt, welche aus sehr verschiedenen Leber- und Laubmoosen sowie Flechten bestand.

Von einer Periodicität der Belaubung ist bei vielen Tropenbäumen nichts zu beobachten; sie entwickeln eben während des ganzen Jahres junge Blätter und werfen alte dafür ab. In einigen Fällen, z. B. bei Cedrela, erfolgt die Neubelaubung allerdings nur zu bestimmter Zeit des Jahres, und zahlreiche Bäume sowie Sträucher der Caatingas stehen während der Trockenzeit völlig blattlos da, um sich erst bei Eintritt des Regens in Grün zu kleiden. Bei Rio, also in heissem, feuchtem Klima, sieht man vielfach Bäume (Caesalpinia pulcherrima und Terminalia cattapa), die dadurch ausgezeichnet sind, dass sie ihr Laub im August abwerfen, kurze Zeit kahl sind und dann wieder austreiben. Mit Rücksicht auf die Blüthenentwickelung der Bäume des brasilianischen Waldes ist für viele Fälle eine wohl ausgeprägte Periodicität zu constatiren. Im Küstenwald bei Rio und in Espirito-Santo blühen wohl die meisten Bäume in den Monaten November und December. Die Leguminose Schizolobium excelsum prangt dann im gelben Blüthenschmuck, Caroba (Bignoniaceen) sowie Tibouchina (Melastomaceen) erzeugen dagegen rosafarbene Blüthen, und diejenigen von Lecythis (Myrtaceen) wetteifern in ihrer Farbenpracht mit dem Roth der jungen, hervorsprossenden Blätter. Diese Bäume gleichen zur Blüthezeit wahren, in das grüne Laubdach ihrer Umgebung eingesenkten Riesenbouquets, wenn man sie von einem erhöhten Standorte aus betrachtet, oder wenn der Blick vom Thal aus über die bewaldeten Hänge der Berge schweift. Biologisch ist diese Blüthenfülle gewiss insofern von Bedeutung, als durch sie eine wesentliche Sicherung der Bestäubung durch Insekten erzielt wird.

Nach den vorstehenden Darstellungen erscheinen zahlreiche Elemente von maassgebender Bedeutung für die Physiognomik der brasilianischen Urwälder. Bei der Charakterisirung des Gesammtbildes derselben ist nochmals zu betonen, dass am Waldrande in Folge der hier gegebenen Lichtfülle zahllose Gewächse zu einer dichten, grünen Wand verwoben sind, welche die hinter ihr liegenden Stämme verbirgt, während sie von den oft mit Epiphyten überladenen und durch lang herabhängende Lianenzweige halb verdeckten Kronen der Bäume überragt wird. Wir dringen mit Mühe in den Urwald ein, unter dessen Laubdach am Tage gewöhnlich ein wunderbares, tiefes Schweigen herrscht. Nur ab und an vernehmen wir fremdartig klingende Vogelstimmen; welke Blätter rauschen zu Boden, und aus bedeutender Höhe fallen reife Früchte hernieder.

Die Dämpfung des Lichtes ist unter den Bäumen eine so bedeutende, dass den Waldboden oft nur wenige grüne Gewächse schmücken. In Folge des Fehlens reichlicheren Unterholzes vermögen wir uns ziemlich frei zwischen den zum Theil gewaltigen Stämmen zu bewegen, aber oft genug wird doch unser Schritt durch Anhäufungen abgefallener, dürrer Äste, umgesunkene, modernde Baumriesen, Bretterwurzeln, Lianen, die sich, kühn geschwungen, vom Boden bis in die Kronen erheben, oder durch in die Luft herabhängende Epiphytenwurzeln behindert. Eine schwüle Atmosphäre umgiebt uns, so dass wir manchmal Halt machen, um auszuruhen und um hier in freier, ungezügelter Natur auf die Töne zu lauschen, die der Waldeinsamkeit entquellen.

Höhere Gewächse von geringeren Dimensionen fehlen den Urwäldern keineswegs, aber sie finden sich der Mehrzahl nach nicht im Erdboden eingewurzelt, sondern haben als Epiphyten ihren Standort in den Kronen der Bäume. Alles strebt im Urwald dem lebenspendenden Licht entgegen. Die Stämme der Bäume steigen gleich herrlichen Säulen oft kerzengerade, ohne Äste abzugeben, mehr als 100 Fuss empor. Ein Individuum sucht dabei im Kampf ums Dasein einem anderen den Rang streitig zu machen, um seine blättertragenden Zweige besser dem Licht darbieten zu können. Die Lianen wachsen ebenfalls den Sonnenstrahlen entgegen; die unteren, kahlen Theile ihrer Stämme gleichen nicht selten gewaltigen um die Bäume gewundenen Schlangen. Wo es die Bedingungen irgendwie gestatten, wo irgendwie Raum in den Kronen bleibt, da siedeln sich wunderbare Epiphyten an. In der Höhe ist alles verwoben zu einer unentwirrbaren, grünen Decke, die nur sehr gedämpftes Licht in die Tiefe gelangen lässt.

Der Gesammteindruck vieler Urwälder muss als ein sehr ernster bezeichnet werden, denn unmittelbar neben der unerschöpflichen Lebensfülle offenbart sich uns in denselben zugleich in ergreifender Weise die Macht des Todes, sowie die Rücksichtslosigkeit, mit der die Organismen den Kampf ums Dasein führen. Riesenstämme, die stolz aufgerichtet ihre Äste vielleicht Jahrhunderte lang im Sonnenglanz ausbreiteten, ruhen jetzt modernd am Boden. Pflanzen, die aus irgend einer Ursache nicht geschickt sind, im Wettbewerb um das Licht mit ihren Genossen Stand zu halten, werden erbarmungslos unterdrückt und müssen zu Grunde gehen.

Unseren Hochwäldern, z. B. einem schönen Buchenwald gegenüber, fehlt dem tropischen Urwald ein gewisses Ebenmaass der Formen und eine gewisse ruhige Harmonie, die das Gemüth so wohlthuend berühren. Im Tropenwald entfaltet sich dem staunenden Blick ein unermesslicher Reichthum der Gestaltung vegetabilischen Lebens, so dass sich das Auge unwillkürlich immer wieder dem Einzelnen zuwendet, und bei der grenzenlosen Verschiedenartigkeit desselben ist es hier für den Beschauer in vielen Fällen wohl überhaupt unmöglich, den Eindruck einer völlig in sich geschlossenen Einheit zu gewinnen.

Während sich die trockene, von laubwerfendem Buschwald bedeckte Caatinga durchaus nicht zur Cultur eignet, kann der rothe, lehmige Lateritboden in feuchteren Gegenden des Sertão von Bahia, auf dem sich prächtige Hochwälder erheben, sehr wohl dem Ackerbau und der Viehzucht dienen. Von der höchsten Wichtigkeit würde es sein, wenn diese ausgedehnten Länderstriche besser, als es heute der Fall ist, durch Bahnen und Strassen mit der Küste in Verbindung ständen, aber in dieser Beziehung kann naturgemäss nur langsam ein Fortschritt erfolgen.

Es war mir sehr interessant, im Innern Bahias Plantagen in den ersten Anfängen ihrer Entwickelung zu sehen. Wir ritten von der Fazenda Leão dos Brejos eines Tages längere Zeit durch schönen Wald und erreichten endlich eine ausgedehnte, ganz und gar mit gefällten Baumstämmen bedeckte Lichtung. Man begann hier, eine neue Fazenda, die den Namen Monte virde tragen sollte, anzulegen. Ein Haus fehlte noch, so dass der Besitzer, ein Brasilianer, sein Quartier vorläufig bei Herrn Kleinschmied aufgeschlagen hatte. Die Baumstümpfe rodet man hier nicht aus, da sehr viel Land zur Disposition steht, überhaupt ein extensiver Wirthschaftsbetrieb vorläufig angezeigt erscheint, während z. B. in vielen Gegenden von São Paulo, wo alte Cultur herrscht, und das Terrain werthvoll ist, bei Beurbarungen besondere Maschinen zur Beseitigung der Stümpfe in Anwendung kommen. Sind die Stämme im Verlauf längerer Zeit durch die Sonnenstrahlen ausgetrocknet, so werden sie angezündet, um später die gewonnene Asche mit dem Boden zu vermischen.

Auf der Fazenda Leão dos Brejos, sowie in ihrer Nähe, cultivirt man viel Mais, Tabak, schwarze Bohnen und Bataten. Letztere Pflanze, welche man leicht durch Einsetzen von Trieben älterer Individuen in den Boden vermehren kann, kriecht mit ihren Stengeln auf der Erde hin, und wird ihrer stärke- sowie zuckerreichen Wurzelknollen wegen angebaut. Früher pflanzte man auf der Fazenda auch wohl Baumwolle an; heute wird dieselbe hier nicht mehr producirt. Zum ersten Mal sah ich dagegen Kaffeeanpflanzungen, denen ich dann an anderen Orten in Brasilien vielfach wieder begegnet bin.

Der arabische Kaffeebaum stammt aus Afrika; er wächst in verschiedenen Gegenden dieses Erdtheils wild, z. B. auch an den Ufern des Victoria-Njansa-Sees, dessen Wellen deutsches Schutzgebiet bespülen, und ist für Culturzwecke weit verbreitet worden.

Die Kaffeecultur wird in vielen Theilen Brasiliens betrieben, besonders in den Staaten Bahia, Rio de Janeiro, sowie São Paulo. Ganz im Süden des grossen Landes ist die Cultur der dort vorkommenden Nachtfröste wegen sehr unsicher. Der Kaffeebau besitzt für Brasilien hohe Wichtigkeit. In den Jahren 1884—1888 wurden durchschnittlich 13,000,000 Meter-Centner Kaffee per Jahr erzeugt (1 Meter-Centner = 100 Kilo), wovon ungefähr $^{2}/_{3}$ allein auf Brasilien entfallen. Der Kaffeeconsum im Lande selbst ist gross, aber es bleibt noch eine ungeheure Menge Waare für den Export übrig, dessen Werth im Jahre 1889 379 Millionen Mark betrug.

Der Kaffeebaum, Coffea arabica (Familie der Rubiaceen), kann 8 m hoch werden. Er ist sehr regelmässig verzweigt, trägt Blätter von etwa 12 cm Länge, sowie 5 cm Breite und weisse Blüthen. Die anfangs grünen, später rothen bis violetten Steinfrüchte bestehen aus einem schleimigen, süsslich schmeckenden Gewebe, welches das pergamentartige Endocarp umschliesst, in dem zwei mit zarter Haut umgebene Samen, die Kaffeebohnen ruhen. Bei Campinas, im Staat São Paulo, wo ich die sehr grosse Kaffeefazenda Genebra besuchte, blüht der Kaffeebaum im September, December und endlich nochmals im Februar. Die Ernte findet durch Abpflücken der Früchte im Juli bis October statt.

Bei der Cultur der Kaffeepflanze werden die Samen in Beete ausgesäet, die jungen Pflanzen nach einiger Zeit in gut zubereitetes Land umgesetzt, wo sie sich unter Baumschutz kräftigen, um endlich die besten Individuen in die Plantage zu übernehmen, deren Boden humos und vor allen Dingen möglichst tiefgrundig sein muss. Hier stehen die Bäume in Entfernungen von 10—15 Fuss in schnurgeraden Reihen. Sehr allgemein werden rasch wachsende „Schattenpflanzen“ zwischen den Kaffeebäumen cultivirt, um dieselben, so lange sie noch jung sind, vor gar zu starker Besonnung zu schützen. Als Schatten spendende Gewächse dienen in Bahia Maniok, in São Paulo Ricinus, sowie Mais. Bei der Cultur widmet man zumal der Reinhaltung des Bodens von Unkraut und dem richtigen Baumschnitt viel Aufmerksamkeit. Die Kaffeebäume dürfen nicht zu hoch werden und müssen sich in ihrem unteren Theil recht buschig entwickeln. In drei oder vier Jahren nach der Saat trägt der Kaffeebaum schon Früchte. Vom sechsten Jahre an bringt ein Baum im Durchschnitt 1 Kilo Bohnen. Wenn, wie es gewöhnlich der Fall ist, keine Düngung erfolgt, sinkt das Productionsvermögen zwanzig Jahre alter Bäume bedeutend, so dass die Cultur derselben allmählich nicht mehr lohnend erscheint.

Auf der Fazenda in Bahia wurden die Kaffeefrüchte an der Luft getrocknet und später zur Gewinnung der Bohnen einfach gestampft. An anderen Orten hat man complicirte Maschinen aufgestellt, welche die getrockneten oder in anderen Fällen, wenn man das sogen. nasse Verfahren anwendet, die eingeweichten Früchte zur Isolirung der Bohnen bearbeiten, sowie diese letzteren selbst reinigen und sortiren.

Sehr wichtig ist ferner der Anbau des Maniok- oder Cassavestrauches für Brasilien. Die durch Stecklinge vermehrte Pflanze wird mehrere Meter hoch, trägt handförmig getheilte Blätter und büschelig gruppirte, sehr stärkereiche, aber zugleich auch einen blausäurehaltigen Saft führende Wurzelknollen, welche in zehn Monaten nach der Anpflanzung ihre volle Reife erlangen. Die Verarbeitung der Knollen geschah auf der Fazenda Leão dos Brejos derartig, dass sie nach dem Schälen mittelst einer mit der Hand in Bewegung gesetzten Maschine zu Brei zerrieben wurden. Diesen Brei presst man aus, um den Rückstand in flachen Pfannen gelind zu erhitzen. Auf solche Weise wird, wie es schon die Indianer vor der Entdeckung Brasiliens wussten, der Giftstoff der Maniok völlig beseitigt und die werthvolle Farinha erzeugt, von der bereits früher die Rede war. Das aus der Maniokwurzel gewonnene feine Stärkemehl ist dagegen unter dem Namen Tapioca bekannt.

Da der Culturboden in Brasilien selten gedüngt wird, so büsst er natürlich allmählich seine Fruchtbarkeit ein. Beobachtet der Pflanzer dies, dann beurbart er neues Land und lässt das seither benutzte ruhig liegen. Dasselbe überkleidet sich sehr schnell mit einer Vegetation von Strauchwerk sowie niedrigen Bäumen, die zum Theil undurchdringliche Dickichte bilden. Die auf solche Weise entstandene Capueira kann abermals abgeholzt, und der Boden in Culturland umgewandelt werden.

Die Thierwelt Brasiliens, welche ich auf der Fazenda zum ersten Mal nach einiger Richtung hin etwas genauer kennen lernte, ist sehr merkwürdig. Es mögen hier daher einige allgemeine Bemerkungen über die Fauna des Landes folgen.

Affen sind in vielen Arten recht verbreitet. Fledermäuse giebt es zahlreiche. Der blutsaugende Vampyr ist besonders in den Districten, in denen ausgedehnte Viehzucht getrieben wird, gefürchtet. Der Jaguar oder die Unze, über ganz Brasilien verbreitet, greift Nutzthiere häufig an und geht, wenn er angeschossen wurde, auch auf den Menschen los. Das grösste einheimische Säugethier ist der Tapir.

Äusserst charakteristich erscheinen für Brasilien Repräsentanten der Gruppe der Edentaten, zahnarmer Säugethiere, welche durch die auf Bäumen lebenden Faulthiere, die Gürtelthiere und Ameisenbären vertreten werden. Die letzteren, Tamanduas genannt, kommen in verschiedenen Arten vor. Namentlich sind zwei Species verbreitet, von denen ich ein Individuum der kleineren Form in Orobó sah. Die Thiere leben von Ameisen und Termiten. Der grosse, ein schönes Fell und einen zottigen Schwanz tragende Ameisenbär ist sogar im Stande, die steinharten, hohen Wohnungen der Termiten mit seinen Krallen aufzubrechen. Er legt seine Zunge in die gebildete Öffnung, um sie erst wieder in den Mund zurück zu ziehen, wenn sie mit den von allen Seiten herbeikriechenden Insekten bedeckt ist. Dieser Ameisenbär kann dem Menschen unter Umständen, wenn er gereizt wird, recht gefährlich werden, indem er sich dann aufrichtet, seinen Feind zu umarmen und mit den Krallen zu packen sucht.

Die Gürtelthiere, in Brasilien Tatús genannt, zeichnen sich durch den Besitz eines starken Panzers aus. Diese harmlosen Geschöpfe leben besonders im ebenen Terrain. Ich sah ihre Erdhöhlen aber auch nahe der Fazenda Leão dos Brejos in der Serra do Orobó. Am Tage halten sich die Thiere in ihren Wohnungen auf; nachts kommen sie aus denselben hervor, um ihre Nahrung, Ameisen und Termiten, zu sich zu nehmen. Wird das Tatú verfolgt, so sucht es sich gewöhnlich durch Eingraben in den Boden zu retten, eine Kunst, die es mit unglaublicher Geschicklichkeit übt.

Ungemein reich ist die Vogelwelt in Brasilien entwickelt. Singvögel giebt es wenige. Mir fiel im Urwald hauptsächlich nur ein Vogel auf, dessen Stimme etwa mit derjenigen unseres Buchfinken zu vergleichen wäre. Dazu vernimmt man viel das Klopfen von Spechten, die an die Rinde der Stämme schlagen, um Insekten hervorzulocken. Auch die schön befiederten Pfefferfresser sind sehr verbreitet und unter den Sumpfvögeln grosse Reiherarten. Aasgeier sieht man sehr häufig, sowohl in den Städten, wo man ihnen nicht nachstellt, da sie die Strassen vom Unrath säubern, als auch auf dem Lande. Als wir von der Fazenda nach Orobó zurückritten, stutzten unsere Pferde einmal plötzlich und wollten nicht von der Stelle. Wir sahen nichts besonders auffallendes, aber als mein Führer abgestiegen war, entdeckte er in einiger Entfernung die Leiche eines Maulthieres, von der sich bei seiner Annäherung viele Aasgeier und gewaltige Fliegenschwärme erhoben. Wir mussten die Pferde auf einem Umwege mitten durch dorniges Gestrüpp an dem Orte vorüberführen, der ihnen so grossen Widerwillen einflösste. Hohes Interesse bieten in Brasilien die zahlreich vertretenen Papageien, von denen ich besonders in Orobó grosse Schwärme sah, die abends mit lautem Gekreisch über das Dorf ihrem Standorte zuflogen. Die meisten Papageien sind grün gefärbt, aber daneben treten immer noch Federn von anderweitigen, schönen Farben auf.

Ganz unbeschreiblich reizend erscheinen dem Reisenden in Brasilien, zumal in der Nähe der Küste, die Kolibris. In 400 Arten kommen sie ausschliesslich in Amerika vor, fast sämmtlich auf die Länder innerhalb der Wendekreise beschränkt. Die meisten Kolibris erreichen eine sehr geringe Grösse; sie haben kurze Beine, lange Flügel, einen langen Schnabel, aus dem eine merkwürdig gebaute Röhrenzunge weit hervorgeschnellt werden kann, und zeichnen sich vor allen Dingen durch ihr wunderbar schönes Gefieder aus. Die Grundfarbe desselben ist ein in Metallglanz schimmerndes Grün, dem sich aber die mannigfaltigsten weiteren Farbentöne zugesellen. Dazu kommen besondere Federbüschel, mit denen die Kolibris an verschiedenen Körperstellen geziert sind, und die den Männchen wesentliche Dienste leisten, um die Aufmerksamkeit der Weibchen auf sich zu lenken. Besonders zierlich sind die Kolibrinester. Eines derselben, das ich aus Rio mitbrachte, und welches auf einem Zweig befestigt ist, zeigt die Gestalt einer halben Wallnussschale, ist 4 cm lang, 3.5 cm breit und aus Compositenblüthentheilen hergestellt. Die Auskleidung des Nestes bilden Compositenfrüchte mit weichem Pappus, so dass zwei Eier von je 11 mm Länge wohl gebettet erscheinen.

Die Nahrung der Kolibris, über die Wallace ebenso wie über die Lebensweise der Thiere so interessant spricht, besteht in Insekten und Nectar der Blüthen. Die Vögel, welche von den Brasilianern sehr zutreffend Beijaflores (Blumenküsser) genannt werden, fliegen ungemein schnell durch die Luft; sie nähern sich einer Blüthe, halten sich kurze Zeit schwebend vor derselben, senken ihren langen Schnabel in den Kelch, um mittelst ihrer Röhrenzunge Honigsaft sowie Insekten zu gewinnen. Dann beschreiben die Thiere oft einen weiten Bogen in der Luft, bevor sie eine andere Blume aufsuchen. Es wird angegeben, dass sie besonders leuchtend roth gefärbte Blüthen bevorzugen, und für einige Fälle ist auch die Bedeutung der Kolibris als Vermittler der Fremdbestäubung festgestellt worden.

Unter den Reptilien kommen neben einigen Schildkröten sowie Aligatorarten (letztere Yacares genannt) ins

Besondere die Schlangen in Betracht. In Brasilien lebt die Riesenschlange (Boa constrictor), die eine Länge von 10 m erreichen kann, dem Menschen aber nicht gefährlich ist, sondern sich von kleineren Säugethieren ernährt.

Zu den schönsten, farbenprächtigsten Schlangen Brasiliens gehört die Korallenschlange (Coluber), welche auf jeden Fall kaum als Giftschlange bezeichnet werden darf. Ihr Körper trägt leuchtend rothe Flecke. Zwischen je zwei derselben sind aber mehrere schwarze sowie weisse Binden eingeschaltet. Die rothen und weissen Körperstellen weisen überdies noch eine hübsche Zeichnung auf. Sehr giftig sind die Klapperschlangen (Cascavel) und die über ganz Brasilien verbreitete Jararaca (Cophias). Vorsicht ist diesen Thieren gegenüber natürlich geboten, aber man braucht sich wirklich nicht gar zu sehr vor ihnen zu fürchten, denn einmal sind die Giftschlangen in Brasilien doch nicht so häufig, wie manche glauben möchten, und ferner beissen sie den Menschen gewöhnlich nur dann, wenn sie berührt oder gereizt worden sind. Die Giftstoffe der Schlangen sind nach neueren Untersuchungen als sogen. Albumosen anzusehen, Körper, die den Eiweissstoffen sehr nahe stehen.

In hohem Grade erregten grüne Laubfrösche und die riesigen Ochsenfrösche meine Aufmerksamkeit. Manche Arten der ersteren ruhen am heissen Tage auf den Blättern der Bäume, deren Oberfläche sie sich so dicht und vollkommen anschmiegen, dass man Mühe hat, die Thiere als solche zu erkennen. Die Ochsenfrösche erheben kurz vor Sonnenuntergang ihre Stimme, und als ich diese zum ersten Mal auf der Fazenda vernahm, glaubte ich es mit dem weit hin hörbaren, kurz hervorgestossenen Laut eines grossen Hundes zu thun zu haben.

Unter den Spinnenthieren verdienen namentlich die grosse Vogelspinne, sowie gewisse Zecken oder Holzböcke, Carapatos genannt, Erwähnung. Diese letzteren leben in Gebüschen. Sie gehen auf Menschen oder Thiere, welche dasselbe durchstreifen, uber, beissen sich in deren Haut fest und verursachen Schmerz, ja rufen sogar, wie es mir auch vorgekommen ist, die Bildung unangenehmer kleiner Geschwüre hervor. Da ich als Botaniker viel im Wald und Feld umherstreifte, belästigten mich die Thiere besonders häufig. Wenn man den Leib der Carapatos mit Tabakaufguss betupft oder in Berührung mit einer glimmenden Cigarre bringt, so ziehen sie ihre Beisswerkzeuge aus der Haut hervor und fallen ab.

Nun das Heer der Insekten. Ich nenne zuerst die Mosquitos, wahre Plagegeister für Mensch und Thier, die besonders in der Nähe der Flüsse oft in ungeheurer Menge vorkommen. Ihr ganz nervös machendes Summen und ihr Stich bilden eine Qual für denjenigen, der so gern ausruhen möchte von den Anstrengungen des Tages. Im Schlafzimmer schliesse man die Fenster, um sich einigermaassen vor den Eindringlingen zu schützen, bei Sonnenuntergang. Es empfiehlt sich bei Gegenwart zahlreicher Mosquitos ferner, die Bettwäsche mit Zacherlin einzureiben und eine kleine Menge dieser Substanz, die man auf eine Metallplatte gebracht hat, über einer Lichtflamme zu verdampfen.

Eine Plage bilden auch für viele Menschen die Sandflöhe. Diese Thiere bohren sich unter die Zehennägel ein, legen hier ihre Eier ab, und die sich entwickelnden Larven verursachen dann die Bildung schmerzhafter Geschwüre. In Rio sieht man oft Neger vor den Thüren sitzen, die damit beschäftigt sind, ihre jämmerlich schreienden Kinder durch eine kleine Operation von den Sandflöhen zu befreien. Unangenehm sind ferner die zu den Orthopteren gehörenden Baratten, eine grosse Kakerlakenart, die einen hässlichen Geruch besitzen, der sich in vielen Häusern in Brasilien bemerklich macht und z. B. der Wäsche sehr lange anhaften kann.

Bewunderungswurdig erscheinen die bis zu 12 cm Gesammtkörperlänge erreichenden Herkuleskäfer, die herrlich glänzenden Chrysomelen, von denen manche bei Anfertigung von Schmuckgegenständen Verwendung finden, die Leuchtkäfer, auf welche (ebenso wie auf Cicaden und Grillen), an anderer Stelle hingewiesen werden soll und viele Schmetterlinge. Einmal sah ich eine sehr grosse Raupe mit rothen Brennhaaren, vor deren Berührung man sich hüten muss. Entzückend ist es, die blau schillernden Morphoarten, die ca. 15 cm Spannweite erreichen, zu beobachten, wie sie im Sonnenglanz in eigenartig unstätem Fluge die Bäume umschwärmen oder sich auch dicht über dem Boden fortbewegen, so dass man sie leicht zu erhaschen im Stande ist. Ich sah diese Thiere besonders auf dem Corcovado bei Rio de Janeiro. Auch an grossen Seidenspinnern und vielen anderen schönen Schmetterlingen, habe ich mich oft erfreut.

Über einige Ameisenarten wurde bereits früher gesprochen; hier müssen wir endlich noch die so überaus merkwürdigen, übrigens den Ameisen verwandtschaftlich nicht gar nahe stehenden Termiten, in Brasilien Cupims genannt, erwähnen. Diese Thiere, zu den Neuropteren gehörend und etwa von der Grösse der Ameisen, sind in vielen verschiedenen Arten sehr verbreitet. In ihren Nestern (casas dos cupims) findet man neben Eiern, Larven, Puppen (Nymphen), geflügelten Männchen sowie Weibchen, Arbeitern und Soldaten (beides flügellosen und zeugungsunfähigen Thieren), eine Königin sowie einen König, d. h. Weibchen und Männchen, welche die Flügel verloren haben. Millionen von Individuen können sich in einem Nest vereinigen. Die geflügelten Männchen und Weibchen sind nur zu bestimmter Zeit im Termitenhaus anzutreffen. Tritt Überfüllung desselben ein, so beginnt das Ausschwärmen und die Paarung. Die Mehrzahl der ausgeflogenen Thiere geht zu Grunde; wenige bleiben erhalten, und werden als Könige und eierlegende Königinnen zu Begründern neuer Staaten. Das Paar lebt einige Jahre lang in treuer Ehe beisammen. Zuweilen sollen auch Spaziergänge ausgeführt werden, bei denen die

Königin voran geht, während der König ihr direct folgt. Die Wohnung der Königin, ziemlich in der Mitte des Nestes gelegen, zeichnet sich durch besondere Grösse aus. In der Nähe dieses Thronsaales befinden sich die sogen. Wochenstuben, in denen die Jungen aufgefüttert werden. Andere Räumlichkeiten dienen als Magazine und Wohnzellen. Die Soldaten vertheidigen das Haus der Termiten. Wenn man dasselbe verletzt, so kommen sie sogleich in grosser Menge hervor, und ihnen folgen die Arbeiter, um den Schaden wieder auszubessern. Die letzteren sammeln auch Nahrung ein, tragen die von der Konigin gelegten Eier fort etc.

Die Cupims ernähren sich von Pflanzentheilen (Blättern, Stengeln, Holz). Wenn sie in die Häuser der Menschen eindringen, wie es zum Schrecken der Bewohner oft genug der Fall ist, so zerstören sie alles, was ihnen irgendwie zugänglich. Nur Glas, Porzellan und Metall verschonen sie. Die Thiere können auch das Gebälk ausfressen. Dasselbe scheint, äusserlich betrachtet, unversehrt zu sein, aber plötzlich bricht ein Haus zusammen, und bei der Untersuchung ergiebt sich, dass die Termiten den Schaden verursachten.

Manche Arten der Cupims legen ihre Nester auf Bäumen an. Bei Orobó in der Caatinga findet man dieselben besonders auf den Mandacarus (Cereusstämmen). Sie sind kopfgross oder haben noch bedeutendere Dimensionen und sind aus Sand sowie unverdauten Nahrungsrückständen hergestellt. In der Caatinga beobachtet man keine Termitenbauten auf der Erde. Es hat das Fehlen derselben hier seinen Grund wohl darin, dass sich das Sandmaterial des Bodens nicht zur Herstellung solcher Wohnungen eignet, wie sie bei Anwesenheit bündigeren Materials von den Thieren aufgeführt werden. Aber schon auf dem Ritt nach der Fazenda Leão dos Brejos sowie in deren Nähe, wo rother, thoniger Laterit vorhanden, staunte ich über die Termitenhäuser. Später sah ich dieselben dann besonders im Staat Minas Geraes, zumal bei Lagoa Santa in der brasilianischen

Camposregion, in ungeheurer Menge. Hier, auf ebenem Boden, ragen die Termitenwohnungen gleich rothen, kegelförmigen Erdhaufen überall aus dem niedrigen Gebüsch hervor. Sie erreichen zum Theil 6 Fuss Höhe, haben an der Basis, von der aus nach allen Richtungen hin unterirdische Gänge führen, einen Durchmesser von 2—3 Fuss und sind an ihrem oberen Ende nicht spitz, sondern etwas abgerundet. Das eigentliche Nest der Thiere befindet sich im unteren Theil der Hügel. Es wird umgeben und hoch überragt von einer mächtigen Schicht thonigen, rothen Erdmaterials, das derartig fest ist, dass es nur unter Benutzung der Hacke gelingt, es aufzubrechen. Durch diese Hülle suchen die Termiten ihre Nester vor Zerstörung durch Regengüsse, umstürzende Bäume oder durch Ameisenbären zu schützen.

Nach längerem Aufenthalt auf der Fazenda Leão dos Brejos nahm ich Abschied von Herrn Kleinschmied und den stillen Wäldern, die seine Pflanzungen umgeben. Auf der Rückreise nach Bahia begleitete mich zunächst wieder mein treuer Negerfreund Antonio, aber wir hatten noch einen Kameraden, der uns alsbald viel Mühe bereiten sollte, bei uns, nämlich ein hübsches, junges Maulthier, welches mancherlei Gepäck nach Orobó zu tragen bestimmt war.

Die Maulthiere werden in Brasilien allgemein derartig beladen, dass man ihnen zwei Polster auf den Rücken legt, auf denen ein Holzgestellt ruht, an welchem die zu transportirenden Kisten oder Körbe hängen. Eine durch Riemen befestigte Thierhaut dient dann noch zum Schutz der Fracht gegen Regen. Man begegnet im Innern des Landes oft grossen Zügen (tropos) der Maulthiere. Je zehn derselben bilden ein lott, dem ein Treiber beigegeben ist, und das von einem alten, wegkundigen Thier, einer madrinha, angeführt wird.

Bei unserem Ritt von der Fazenda nach Orobó kamen wir an einer Waldlichtung vorbei, die zur Cultur vorbereitet wurde. Die gefällten Bäume hatte man, nachdem sie ausgetrocknet waren, in Brand gesteckt. Schon aus der Ferne hörten wir das Knattern der brennenden Holzmassen. Hoch schlugen die Flammen zum Himmel empor, und gelblicher Rauch erfüllte die Luft. Unser beladenes Maulthier, welches die Würde einer madrinha noch nicht besass, hatte sich zunächst ganz vernünftig benommen, trotzdem es völlig frei ging, was übrigens immer der Fall ist, denn wollte man die Thiere am Seil führen, so würde sich dasselbe bei den schmalen Pfaden leicht im Gebüsch verwickeln. Bald aber fiel es unserem Begleiter ein, eigensinnig zu werden. Es warf sich auf die Erde, um sich seiner Last zu entledigen, oder es rannte in übermuthigen Sprüngen davon. Wir mussten durch dorniges Gestrüpp oder hohes, trockenes Gras hinter dem Thier herjagen, was sehr anstrengte und aufhielt. Einige Stunden vor Orobó rasteten wir kurze Zeit in einem auf einer Anhöhe einsam gelegenen Hause, von der man einen prächtigen Blick auf kahle, scharf geformte, ziemlich hohe Felsenmassen geniesst.

Am nächsten Morgen brachen wir bereits um drei Uhr bei tiefer Dunkelheit auf. Als es dämmerte, kamen wir an einer Venda vorüber, vor der sehr zahlreiche Maulthiere in malerischen Gruppen lagen oder standen, die soeben zum Aufbruch gerüstet wurden. Einige Stunden später passirten wir den Paraguassú, und ich fuhr bald allein mit der Bahn von Sitjo Novo nach Cachoeira. Hier brachte ich eine wenig angenehme Nacht zu, denn man hatte mir ein Zimmer angewiesen, in welchem es von Ungeziefer wimmelte. Am nächsten Tage wurde Bahia wieder erreicht; gleich am folgenden Morgen ging es weiter nach Santo Amaro.

Ich fuhr mit einem Dampfschiff, dessen Capitän ein Neger war, über die Bucht. Ganz im Norden derselben liegen mehrere mit herrlichen Cocospalmen geschmückte Inseln, an denen wir vorbei kamen. Nach einigen Stunden lief das Schiff in die Mündung eines kleines Flusses ein, an dem etwas weiter aufwärts S. Amaro liegt. Eine Strassenbahn, von der aus man zunächst zu beiden Seiten Mangrovevegetation erblickt, führt den Reisenden heute schnell von der Haltestelle des Dampfers in die Stadt. Hier fand ich bei einem Deutschen, Herrn Wilkens, der Kaufmann und Besitzer einer Cigarrenfabrik ist, gute Aufnahme.

Es lag mir besonders daran, von S. Amaro aus, also nahe der Küste, einen Urwald, der nicht weit von der kleinen Ortschaft Oliviera erhalten ist, zu besuchen. Maulthiere waren für mich und meinen Führer bald besorgt, so dass die Reise schon am Tage nach meiner Ankunft in S. Amaro angetreten werden konnte.

In dieser Gegend spielt die Cultur des Zuckerrohres eine wichtige Rolle. Dasselbe wird hier in erheblicher Ausdehnung, und in verschiedenen Varietäten auf dem schweren, feuchten, fruchtbaren Boden angepflanzt, indem man mit Knoten versehene, kurze Halmstücke in das Feld einsetzt, die sich dann bewurzeln und einige Zeit lang jährlich reiche Erträge an dem von zuckerhaltigem Gewebe erfüllten Rohr liefern. Die Pflanze, Saccharum officinarum, kann über drei Meter hoch werden. Ihr Halm gewinnt eine Dicke von ca. 4 cm und ist oben grün, tiefer aber gelb oder violett gefärbt. Ein dicht bestandenes Zuckerrohrfeld gewährt einen prächtigen Anblick. Die Verarbeitung der bei der Ernte abgeschnittenen und entblätterten Pflanzen erfolgt in besonderen Zuckermühlen. Das Rohr gelangt zwischen horizontale, durch Dampfkraft in Bewegung gesetzte Walzen. Die ausgepressten Rückstände dienen als Feuerungsmaterial, während der braune Saft durch Läutern und Eindampfen eine Verarbeitung auf Zucker erfährt.

Die unreinen Producte, welche man dabei gewinnt, besitzen eine tief braune Farbe. Im Innern Brasiliens habe ich oft solchen Zucker erhalten. Der im Lande selbst gereinigte Zucker stellt ein sehr schwach gelbliches, fast weisses Pulver dar. Zucker in Stücken sah ich in Brasilien niemals. Die bei der Fabrikation des Zuckers als

Nebenproduct erhaltene Melasse, welche noch immer sehr süss ist, wird zur Bereitung der Cachaça, Zuckerbranntwein, benutzt, der besonders von Negern viel genossen wird.

Von S. Amaro führte die sehr staubige, aber noch ganz gute Landstrasse an Zuckerrohrfeldern, hohen Bambusgebüschen sowie an der erwähnten Fabrik vorbei. Wir bogen dann bald rechts ab und gelangten in sumpfiges, von Buschwerk bestandenes Terrain. Der Weg wurde unerhört schlecht. Mehrfach ging es steile Böschungen hinab, durch Bäche und dann wieder so steil hinan, dass man sich sehr festhalten musste, um nicht nach hinten vom Rücken des Maulthieres herabzugleiten. Pferde wären hier, da sie viel zu unruhig sind, nicht gut zu gebrauchen gewesen. Wir durchquerten lange Zeit ein Buschland, wobei Kopf und Brust nur dadurch vor den Schlägen der Zweige zu schützen waren, dass man den Oberkörper möglichst weit auf den Hals des Reitthieres vorneigte.

Die Steigbügel, welche in Brasilien auf Reisen benutzt werden, haben nicht die Beschaffenheit, wie bei uns, sondern sie gleichen Metallschuhen, damit sich keine Zweige in denselben festhaken können. Später erreichten wir eine Art von Weg, dessen rother, thoniger Boden sonderbar aussah. Quer zur Richtung des Weges verliefen abwechselnd grabenartige Einschnitte von zwei bis drei Fuss Breite, sowie ein bis zwei Fuss Tiefe und dammartige Erhöhungen, welche also stets je zwei Gräben von einander trennten. Solche Wege, denen ich übrigens noch oft begegnet bin, erlangen ihre eigenartige Beschaffenheit dadurch, dass der thonige Boden zur Regenzeit aufweicht, die Maulthiere, welche in grosser Zahl durch das Land ziehen, immer die Füsse in die Spur ihrer Vorgänger setzen, den Boden auf diese Art an bestimmten Stellen zusammenkneten, während er im übrigen fast unberührt bleibt, und dass die Sonne endlich alles zu einer steinharten Masse austrocknet.

Weiterhin ging es an sonnigen Berghängen empor, die durch manche Blume und ausgedehnte Felder blühender Sinnpflanzen (Mimosa pudica) geschmückt waren, und von denen aus man einen weiten, schönen Blick ins Thal hat. Dann ritten wir lange am Waldesrand hin, aber eine dichte, grüne, aus unzähligen Gewächsen gebildete Laubwand, welche die Bäume vom sumpfigen Wege trennte, gestattete es nicht, einen Einblick in das Innere des Waldes zu gewinnen. Gegen Mittag erreichten wir eine Venda. Hier schlug ich mein Quartier auf, um Excursionen in den vor der Thür gelegenen, ein weites, ebenes Terrain bedeckenden Urwald zu unternehmen. Er trägt durchaus den schon früher bezeichneten Charakter. Ich nahm zwei Leute mit, die mir beim Eindringen in den Wald den Weg bahnten, im Schatten der Bäume bedeutendere Hindernisse hinwegräumten, die sich namentlich in Gestalt zahlloser Wurzeln der Imbépflanze (epiphytisches Phildodendron mit ungemein langen, bis zum Boden herabwachsenden Nährwurzeln) darboten, oder mir Beobachtungsmaterial verschafften. Es gab hier wahre Riesenbäume von gewaltiger Dicke; um die dünneren Stämme wanden sich überall holzige Lianen, und der an kleineren Gewächsen arme Waldboden trug als solche fast nur Zwergpalmen und Heliconien. Besonders auffallende und häufige Waldbäume sind Psidium Araça, Caesalpinia echinata, Enterolobium Schomburgkii, Andiraarten, Jacaranda brasiliana, Centrolobium, Bombaceen etc., von denen manche zur Stütze ihrer Stämme Bretterwurzeln entwickeln.

Als wir nach S. Amaro heimkehrten, passirten wir abermals mehrfach buschiges oder sumpfiges Terrain. Einmal versank mein Maulthier dabei bis an den Bauch in den Schlamm; es kostete Mühe, das arme Thier wieder aus seiner misslichen Lage zu befreien. Aus weiter Ferne vernahmen wir dann bald das Rufen vieler Männer und langgezogene Töne eigenthümlicher Art. Wir näherten uns dem

Lärm und erblickten viele schwer beladene Karren, die von Ochsen mühsam einen steilen Hang hinaufgezogen wurden. Jeder Karren, mit acht oder zehn einzeln hinter einander gehenden Thieren bespannt, ruhte auf nur zwei Rädern, welche die Gestalt von Holzscheiben hatten, und bei ihrer Drehung eben jenen sonderbaren Ton hervorbrachten. Der Weg war so schmal, dass wir in ein zur Seite desselben gelegenes Bambusgebusch reiten mussten, um den langen Zug der Ochsenkarren passiren zu lassen. Kurz vor S. Amaro überraschte mich der Anblick einer an der Strasse liegenden grossen Jararaca. Die Giftschlange lebte aber nicht mehr; sie war eben vor unserer Ankunft getödtet worden.

Mit Herrn Wilkens unternahm ich am nächsten Tage einen Ausflug nach Nazareth, einem kleinen Ort, der in $1\frac{1}{2}$ Stunden von S. Amaro aus mit der Bahn zu erreichen ist. Man fährt durch fruchtbares Land, auf dem viel Zuckerrohr angebaut wird. Hier und da sieht man Fazenden und in ihrer Nähe lange, graue Schuppen, welche früher den Sklaven zur Wohnung dienten. In Nazareth herrschte reges Leben, da Markttag war. Im Wirthshause sassen Engländer, die gekommen waren, um für die unter ihrer Leitung stehenden Fabriken Zuckerrohr einzuhandeln, welches gerade geerntet werden sollte. Auf einem freien Platze drängten sich viele Menschen um die Verkäufer von Fleisch, Kleidern oder anderen Waaren. Es näherte sich ein Zug halb betrunkener, aus kurzen Pfeifen rauchender Negerinnen. Sie trugen tief ausgeschnittene Hemden; Hals und Arme schmückten rothe Perlenketten. Eine der Frauen schlug ununterbrochen mit einem Messer auf einem Porzellanteller den Tact, während die übrigen dazu sangen. Sie stellten sich im Kreise auf, um den Zambatanz vorzuführen. Es tritt immer nur eine Tänzerin in die Mitte des Kreises, und wie bei allen sogen. Bauchtänzen der Neger werden auch hier die Bewegungen stets langsam vollzogen. Das von den

Frauen eingesammelte Geld verwenden sie zum Kauf von Cachaça; einen Theil desselben sollen sie aber auch, wie man mir sagte, ihrem Pfarrer bringen.

Und nun lebe wohl mein liebes, schönes Bahia. Lebe wohl mit deinen Palmen, deinen stillen Wäldern, deiner Blüthenpracht und deinem Sonnenglanz!

IV. Rio de Janeiro und Umgebung.

Am 1. October ging ich gegen Abend in Bahia an Bord der Belgrano (Capitän Poschmann) um nach Rio de Janeiro zu reisen. Das Schiff war stark besetzt. Am 4. October näherten wir uns morgens der Bucht von Rio. Wir fuhren nahe der Küste hin, an der sich die schroff ansteigenden Felsenberge der Serra do Mar erheben, zu deren Füssen die Brandung rauscht, und die, je nach der Lage des Schiffes, in immer neuen Formen erscheinen. Palmengeschmückte Inseln tauchen auf, aber all diese Herrlichkeit wird weit übertroffen von dem wundervollen Bilde, welches sich bei der Einfahrt in die nach Süden geöffnete Bucht von Rio de Janeiro selbst darbietet. Leider war die Luft nicht völlig klar. Trotzdem hatte ich sofort den Eindruck, dass sich hier eine landschaftliche Schönheit ganz unvergleichlicher Art entfaltet, die wohl unübertroffen dasteht.

Die Einfahrt in die Bucht, etwa nur 2500 m breit, wird durch die links liegende, steil ansteigende, etwa 1300′ hohe, nackte Granitpyramide des Pão d'açucar (Zuckerhut), die eine so überaus charakteristische Gestalt besitzt, und durch das Fort S. Cruz bezeichnet. Lässt man die Felsenthore hinter sich, so breitet sich die tiefblaue Fluth der mehrere Meilen langen und auch sehr breiten Bai, die einem grossen Binnensee gleicht, nach allen Richtungen hin vor den staunenden Blicken aus. Sie erscheint vielfach gegliedert, schneidet an zahlreichen Stellen tief in das Land ein, und diese Nebenbuchten sowie die aus dem Meere auftauchenden, im Schmuck tropischer Vegetation prangenden Inseln gewähren dem Bilde einen unendlich lieblichen Charakter. Im Westen erblickt man die „Capitale" Brasiliens, deren Häusermassen und paradiesische Gärten sich zum Theil weit an den Hängen der Hugel und Berge hinanziehen; Rio gegenüber liegt Nictherohy, die Hauptstadt des Staates Rio de Janeiro, sowie der schöne Ort S. Domingos. Und nun die bewaldeten Berge, welche, in geringer Entfernung vom Strande aufsteigend, die Bucht in weitgespanntem Bogen umrahmen. Die ca. 2500 Fuss hohe, aus dichtem Wald aufragende Nadel des Corcovado, die ernste Gavia, die Tijucakette und weit gen Norden das zackige Orgelgebirge, dessen Spitzen bis zu einer Höhe von 7000 Fuss aufstreben. Ein wunderbarer Zauber ruht über der ganzen Landschaft. Die herrlichen Formen der Berge, nackte, steile Felswände, im uppigsten Grün prangende Hänge, die blauen Fluthen des Meeres, Inseln mit tropischer Vegetation, die weit ausgedehnte Stadt sowie entzückende Gärten am Ufer und den Hafen belebende Schiffe bedingen eine unendliche Mannigfaltigkeit des Bildes. Aber alles fügt sich doch ganz natürlich zu einer harmonisch in sich geschlossenen Einheit von ebenso lieblichem wie erhabenem Charakter zusammen, und hierin ist das Geheimniss des unvergleichlichen Reizes der Bucht von Rio de Janeiro gegeben. Sie erscheint immer schön; immer offenbart sie uns neue, ungeahnte Wunder, diese Bai im fernen Süden, wenn die Bergformen sich, umflossen vom strahlenden Licht der hoch stehenden Tropensonne mit äusserster Schärfe vom blauen Himmelshintergrund abheben, die Landschaft ein zarter Nebel deckt, der alle Gestaltungen halb verschleiert zeigt, oder wenn der Mondenglanz auf der leise rauschenden Fluth des Meeres ruht, und die weiche, warme Luft der Tropennacht in den Kronen der Palmen spielt. Zuweilen hüllt sich die Natur in ein besonders schönes Kleid. Die Wolken erstrahlen gegen Abend in violetten Farbentönen, wie solche nur die untergehende Sonne in den Tropen hervorzaubern kann; der Himmel erscheint tief blauviolett, und ein ähnliches, aber dunkleres Colorit ruht auf den Bergen. All diese Herrlichkeit, die durch den Reflex im Meeresspiegel noch erhöht wird, verschwindet indessen schnell wieder. Sie weicht grauen Farbentönen, und bald breiten sich die Schatten der Nacht über Land und Meer.

Die Belgrano hielt ziemlich weit entfernt vom Lande vor Rio. Ein kleiner Dampfer brachte mich schnell an den Kay. Zu meiner Freude traf ich bald, nachdem ich zunächst den deutschen Club besucht hatte, mit Herrn Ule, dem Subdirector der botanischen Abtheilung des Nationalmuseums in Rio, zusammen. Diesem trefflichen Manne fühle ich mich zum wärmsten Dank verpflichtet. Ich wohnte bei ihm; wir haben gemeinsam viele botanische Excursionen unternommen, und manche Belehrung, die Ule mir über die Flora Brasiliens zu Theil werden liess, ist auch in dieser Schrift verwerthet worden.

Von unserer Wohnung auf der Rua Chefe de divisão Salgado aus unternahmen wir gleich am Nachmittag einen Spaziergang auf einen fünf Minuten entfernten Hügel. Es hatte stark geregnet, aber jetzt war die Luft hell, und so klar, wie es selten der Fall sein soll, traten in der Ferne die wundervoll gestalteten, zackigen Spitzen des Orgelgebirges hervor. Auf dem im üppigen Grün prangenden Hügel wuchsen Crotonbüsche, rankende Passifloren mit dreilappigen Blättern, windende Malpighiaceen, deren Blattspreite an der Basis herzförmig ausgeschnitten ist, und deren gelbe Blüthen am Kelch mit den so sehr charakteristischen drüsigen Bildungen versehen sind, Melastomaceen mit der bekannten, merkwürdigen Nervatur ihrer Laubblätter sowie den Anhängsel tragenden Antheren der schönen Blumen und noch manche andere Pflanzen.

Während der ersten Zeit meines Aufenthaltes in Rio war es verhältnissmässig kühl. Später wurde es sehr heiss. Auch abends sank die Temperatur wenig, so dass Hitze und ebenso Mosquitos die Nachtruhe beeinträchtigten. Dazu gesellte sich aber noch ein sonderbares nächtliches Concert, welches mich oft am Einschlafen hinderte. Im Garten bei unserem Hause gab es viele Cicaden (in Brasilien Eisenbahnkäfer genannt), sowie Grillen. Nur die Männchen dieser Thierarten sind im Stande, merkwürdige Töne hervorzubringen, durch welche sie die Weibchen anlocken. Bei den Cicaden ist das Musikwerkzeug am Leibe angebracht; die Grillen dagegen erzeugen die Töne durch Wetzen der Flügeldecken. Bald nach Sonnenuntergang vernimmt man ein lautes Geräusch, welches sehr rasch in einen Ton übergeht, der demjenigen einer hoch gestimmten, hell klingenden Pfeife gleicht. Abgesehen aber von dieser lauten Musik der Cicaden erschallt jene der Grillen, die durchaus hellem Schlittengeläut ähnelt. Der Lärm weckt die Hähne sowie Perus (Truthühner) in der Nachbarschaft. Das Krähen derselben macht auch die Hunde munter, die am heissen Tage in Rio schlafend auf der Strasse oder in den Häusern liegen, und nun laut bellend umherlaufen. Diese Stimmen der Cicaden, Grillen, Hähne, Perus und Hunde vereinigen sich zu einem nächtlichen Concert von sonderbarer Art, an das man sich erst gewöhnen muss, um schlafen zu können.

Rio de Janeiro ist Sitz der Centralregierung des weiten brasilianischen Reiches. Daneben aber ist Rio die erste Handelsstadt des Landes. Im Hafen ankern die Schiffe aller Nationen. Importirt werden besonders Manufactur-, Glas-, Porzellan- und Eisenwaaren, Maschinen, Mehl etc., während zum Export zumal Kaffee, Zucker, Tabak und Gold gelangen. Das Börsen- und Bankwesen ist in der Stadt ebenfalls sehr entwickelt. Ein hervorragendes Institut bildet z. B. die in Händen von Deutschen befindliche, vorzüglich eingerichtete brasilianische Bank für Deutschland.

Rio, in sehr fruchtbarer Gegend gelegen, hat heute ca. 500,000 Einwohner; 330,000 Weisse, 100,000 Mulatten, etwa 60,000 Neger und 10,000 Caboclos (Halbindianer).

Die am Meere hingestreckte Altstadt, welche Hauptsitz des Handels ist, wird von engen, schmutzigen, sich meist rechtwinkelig schneidenden Strassen gebildet. Die belebteste Strasse Rios ist die Rua do Ouvidor. Sie ist trotzdem schlecht gepflastert, und die Trottoirs sind schmal. Wagen dürfen, um den Verkehr der Fussganger nicht zu stören, nicht in der Strasse fahren. Zwischen den ziemlich hohen Häusern drängt sich stets eine dichte Menschenmenge. Besonders zwischen zwei und fünf Uhr herrscht hier ein überaus reges Leben. Elegant gekleidete Damen und Herren — Europäer sowie Brasilianer — Mulatten und Neger wandern auf und nieder. Journale, Loose, Blumen sowie Süssigkeiten werden zum Verkauf angeboten. Vor den Expeditionen der Zeitungen oder den zahlreichen Kaffees, aus denen der Klang von Violinspiel herausschallt, stehen Gruppen von Herren im eifrigen Gespräch, während die Damen die an den meist schmalen Schaufenstern ausgelegten Schätze der Modewaarenhändler und Goldschmiede bewundern. Die Rua do Ouvidor mündet an einem Ende in die Rua Direita, in der sich die Post befindet. Nicht weit davon ist auch die prächtige Kuppelkirche der Candelaria, und ganz dicht bei der Post breitet sich nach dem Hafen zu der Don Pedro II. Platz aus, der seiner Markthalle sowie des Fischmarktes wegen zumal in den Morgenstunden Interesse darbietet. Das entgegengesetzte Ende der Rua do Ouvidor liegt an dem Platze S. Francisco de Paula, in dessen Nähe sich der Gartenplatz Largo Rocio befindet, den das Reiterstandbild Don Pedro I. schmückt.

Unweit davon auf dem Largo da Cariaca münden auch verschiedene Linien des Strassenbahnnetzes von Rio. Dasselbe ist derartig entwickelt und gut organisirt wie kaum in einer europäischen Grossstadt. Man kann mittelst der Strassenbahn ebenso leicht in entferntere Vororte, z. B. nach dem reizend am Meer gelegenen Botafogo, nach Laranjeiras oder Tijuca, wie nach abgelegenen Theilen der Stadt selbst gelangen. Die Wagen, meist von Maulthieren gezogen, rollen sehr schnell durch die Strassen. Ein- oder aussteigen darf man an jeder beliebigen Stelle.

An schönen Gebäuden ist Rio sehr arm. Den Mangel an weit zurückgreifenden historischen Erinnerungen wird jeder Europäer empfinden, und nicht minder den Mangel an wirklichem Kunstsinn bei den Brasilianern. In den grossen Theatern, welche ich zu Rio besuchte, wurde höchst mässig gespielt. Gut sollen eigentlich nur Vorstellungen fremder Künstler sein, die zuweilen auf längere Zeit eintreffen. Man kann nicht verkennen, dass der Brasilianer musikalisch ist, indessen vor der Hand scheint doch das Verständniss für ernstere Musik zu fehlen. Grosse Beruhmtheit hat im Lande die von dem Brasilianer Gomes componirte und im Jahre 1880 zuerst in Rio aufgeführte Oper Guaranie. Auf dem Gebiete der Malerei ist bis jetzt nichts Hervorragendes geleistet worden. In der brasilianischen Literatur hat besonders der Name des Lyrikers Antonio Gonçalves Diaz einen sehr guten Klang.

Bedurfniss nach anmuthiger, behaglicher Gestaltung des Daseins empfindet der Brasilianer nicht in hohem Grade, das merkt man so recht, wenn man sich längere Zeit in Rio aufhält. Nach der Stadt an sich (ich meine die Altstadt), so wunderschön ihre Lage und Umgebung, sehnt man sich sicher nicht zurück. Die Strassen sind eng, schmutzig, sehr schlecht gepflastert. Der Brasilianer versteht es auch nicht, sein Haus hübsch einzurichten.

Für die Hebung des Gesundheitszustandes der Bevölkerung Rios hat sicher die Versorgung mit gutem Trinkwasser, welches durch eine grossartig angelegte Wasserleitung zugeführt wird, viel genützt. Eine der Hauptquellen derselben entspringt auf dem Corcovado. Andererseits aber begünstigt doch das gedrängte Zusammenleben der Menschen in vielen Stadttheilen die starke Entwickelung mancher Krankheiten, unter denen die Tuberculose in erster Linie zu nennen ist. Und dann das gefürchtete gelbe Fieber.

Das gelbe Fieber, dessen eigentliche Heimath wohl auf den Antillen zu suchen ist, wurde erst im Jahre 1849 nach Brasilien und zwar nach Bahia eingeschleppt. Hier fand die Seuche aber durchaus nicht den günstigen Boden wie an anderen Orten des Landes, z. B. Rio de Janeiro oder Santos. In Rio trat die Krankheit im Jahre 1850 auf. Sie ist hier geradezu endemisch geworden, denn auch während der kühleren Jahreszeit kommen in der Stadt vereinzelte Gelbfieberfälle vor. Diese mehren sich im November, und vom December bis April wuthen dann schlimme Epidemieen, denen unter Umständen an einem Tage mehr als 100 Menschenleben zum Opfer fallen.

Das gelbe Fieber wird höchst wahrscheinlich durch irgend einen Mikroorganismus hervorgerufen. Die Incubationsdauer beträgt etwa drei Tage. Die Krankheit ist nicht kontagiöser Natur; nicht der Gelbfieberkranke, sondern die Gelbfieberlocalität steckt an. Das specifische Gift scheint vorzugsweise am Boden zu haften, und von hier aus unter Bedingungen, die seine Vermehrung begunstigen (zumal höhere Temperatur), zur Entstehung von Epidemieen Veranlassung zu geben. Die Verschleppung des Giftes von einem Orte zum anderen geschieht durch Menschen und auch durch leblose Gegenstände, z. B. Kleider. In Rio ist man, ebenso wie an anderen Orten, besonders der Gefahr der Infection ausgesetzt, wenn man sich zur Fieberzeit nachts in den niedrig gelegenen Stadttheilen in der Nähe des Hafens aufhält. Einige hoch gelegene Stadttheile, z. B. S. Thereza, sind durchaus ungefährlich. Neger erkranken selten am gelben Fieber. Recht gefährdet sind dagegen die Weissen und am meisten neu angekommene Europäer.

Männer sind mehr als Frauen, Erwachsene mehr als Kinder, kräftige Naturen mehr als schwächliche prädisponirt. Erkältungen, Ermattung, durch starke körperliche Arbeit oder durch Excesse herbeigeführt, steigern die Infectionsgefahr.

Wenn die Krankheit beginnt, klagen die Patienten über Mattigkeit, Glieder- und Kopfschmerzen. Sie fiebern stark, und meist macht sich auch bald eine Gelb- bis Braunfärbung der Haut geltend. Zuweilen erfolgt auch schon während dieses ersten Stadiums der Krankheit das sogenannte Schwarzbrechen (Erbrechen in den Magen übergetretenen Blutes); dann geht der Patient gewöhnlich sehr schnell zu Grunde. Wird aber das erste etwa vier Tage dauernde Stadium des gelben Fiebers überstanden, so tritt scheinbare Besserung ein. Das Fieber lässt, was sehr merkwürdig ist, fast völlig nach; die Kranken fühlen sich subjectiv viel wohler. Bald indessen wird die Körpertemperatur abermals hoch; Gliederschmerzen sowie das Schwarzbrechen setzen heftig ein, und vielfach erliegen die Kranken zwischen dem vierten bis zehnten Tage ihren Leiden. Mit Rücksicht auf die Therapie des Gelbfiebers ist zu bemerken, dass die brasilianischen Ärzte zu Beginn der Krankheit Abführmittel, Ricinusöl, Calomel, verabreichen. Ferner kommen kalte Abwaschungen und Behandlung mit Pilocarpin zur Anwendung. Von ganz besonderer Wichtigkeit ist die richtige Ernährung der Kranken. Wer gezwungen ist, sich in Städten aufzuhalten, in denen eine Gelbfieberepidemie herrscht, hat sehr strenge persönliche Prophylaxe zu üben. Man vermeide jeden Verkehr mit inficirten Orten und Personen, schütze sich vor Erkältungen, starken Anstrengungen, sei sehr mässig und sorge stets für gute Verdauung. In Brasilien hält man es für durchaus gerathen, bei eingetretener Erkrankung am Ort zu bleiben. Es soll für die Fieberkranken selbst sehr gefährlich sein, wenn sie nach fieberfreien Gegenden transportirt werden.

Wenden wir uns nun aber wieder freundlicheren Bildern zu. Da sind es insbesondere die wundervollen Gärten Rios, die uns interessiren.

Ganz nahe der Stadt, dicht am Meere liegt der herrliche Passeio publico, der von dem Franzosen Glaziou vor 25 Jahren mit viel Geschmack umgestaltet worden ist. Die gewundenen Wege sind vom dichten Laubdach hoher Exemplare der Mangifera indica sowie des Artocarpus integrifolia beschattet. Sonderbare, blattlose, epiphytische Rhipsalideen (Familie der Cacteen) hängen von den Bäumen herab. Hier erheben sich prächtige Gruppen von Musaceen und Zingiberaceen, dort schöne Cycaspflanzen, Latanien, Pandaneen, Poinsettien, besonders P. pulcherrima, eine Euphorbiacee, die im November ihre 25 cm grossen, von scharlachrothen Hochblättern umgebenen Blüthenstände entfaltet. Reizend heben sich die bunten Croton- und Coleusgebüsche vom grünen Hintergrund, den andere Gewächse bilden, ab, und an dem Bach, der den Garten durchströmt, prangen üppig vegetirende Caladien, Maranten sowie Begonien. Von manchen Punkten aus ist das Bild, welches die Baumgruppen im Verein mit den niedrigeren Pflanzen gewähren, überaus anziehend. Und kommt der Abend, so finden wir auf der nach dem Meere zu gelegenen Terrasse köstliche Kühlung durch den milden Seewind, der uns entgegen weht. Im Garten aber, der vom Mondenlicht geheimnissvoll durchfluthet daliegt, entwickelt sich ein märchenhaftes, entzückendes Schauspiel. Im Busch, an den Halmen des Rasens sowie in der Luft beginnt es zu funkeln. Unzählige strahlende Lichtpunkte blitzen überall auf, um sogleich wieder zu verschwinden und an anderer Stelle neu aufzutauchen. Es leuchtet und glüht rings um uns her. Wo sind Worte, den wunderbaren Zauber dieses Hochzeitsfestes zum Ausdruck zu bringen, welches sich hier geräuschlos inmitten des frischen, blühenden Lebens der Natur vollzieht!

Die Lichtentwickelung geht von Leuchtkäfern (Lampyrisarten) aus, die dem Johanniswürmchen nahe stehen. Während die Weibchen unserer Leuchtkäfer aber flügellos sind, besitzen diejenigen der meisten tropischen Formen Flügel. Die Männchen aller Arten können fliegen. Bei den einheimischen sowie den brasilianischen Formen leuchten sowohl Weibchen wie Männchen. Die Larven phosphoresciren stets nur schwach. Das Leuchtorgan befindet sich am Hinterleibe der Thiere. Es sind hier besondere Zellen vorhanden, deren Inhalt bei seiner Oxydation durch den atmosphärischen Sauerstoff zur Entwickelung von Licht Veranlassung giebt.

Verlassen wir den Passeio publico und wenden wir uns dem Centrum der Stadt oder der von herrlich geformten Bergketten umrahmten, einem stillen Landsee gleichenden Bucht von Botafogo zu, so erblicken wir in den Strassen manchen interessanten Baum angepflanzt, besonders eine Hibiscusart, die im November grosse gelbe Blüthen trägt; dann Caesalpinia pulcherrima mit zartem Laub und den schönen Etagenbaum Terminalia Cattapa. Die beiden zuletzt genannten Bäume zeichnen sich dadurch aus, dass sie vor Beginn des brasilianischen Sommers kurze Zeit lang laublos dastehen. Überall sehen wir auch hochragende Palmen, Cocosarten, Euterpe, Alleen von Oreodoxa. Cocos nucifera reift die Früchte nicht mehr bei Rio, ebenso wie auch der Mangobaum seine volle Entwickelung nur in den heissesten Gegenden der Tropen, z. B. noch in Bahia, erreicht.

Nicht weit entfernt von der Botafogobucht und mit der Strassenbahn von der Stadt aus in kaum einer Stunde zu erreichen, liegt der botanische Garten, den ich natürlich mehrfach besuchte. Director des Gartens ist Herr Rodriguez J. Barbosa. Leider fehlt dem Institut eine Abtheilung, in welcher die Pflanzen der Tropen nach systematischen, geographischen oder biologischen Gesichtspunkten gruppirt wären, aber selbstverständlich bietet der Garten dennoch vom rein botanischen Standtpunkte aus ungemein viel des Interessanten. Dazu kommt, dass er recht gut gehalten wird, wundervolle Gruppen der herrlichsten Gewächse beherbergt und in unvergleichlich schöner Umgebung gelegen ist.

Treten wir durch das Eingangsthor, so gelangen wir sofort in die weltberühmten Palmenalleen des Gartens, die von Oreodoxa oleracea (nicht O. regia) gebildet werden, und von denen die längste geradeaus führt, während nach rechts und links etwas kürzere Baumreihen abgehen. Die grauen, ziemlich glatten Stämme von bedeutendem Umfang und gewaltiger Höhe tragen an ihrer Spitze die aus Fiederblättern gebildeten Kronen. Man vergisst fast, dass man Pflanzen vor sich hat, denn der Eindruck, den die Alleen bei dem Beschauer hervorrufen, beruht in erster Linie auf ihrer architectonisch-perspectivischen Wirkung, welche durch die hinter einander gruppirten, gleich tadellos gearbeiteten Säulen hoch aufstrebenden Palmenstämme erzielt wird.

Im vorderen, ebenen, von den Palmenalleen durchzogenen Theil des Gartens breiten sich weite Rasenplätze aus, die von dem niedrigen, breitstengeligen Stenotaphrum glabrum gebildet werden. Zwischen dem kriechenden Gras haben sich zahlreiche Oxalideen mit violetten Blüthen angesiedelt, und wenn man die in anmuthigen Linien verlaufenden Wege verfolgt, so erblickt man überall herrliche Gruppen der schönsten Sträucher oder merkwürdige Bäume der heissen Zone. Weiterhin durchströmt ein Bach, der sich zu einem kleinen See erweitert, das Terrain. Am Ufer gedeihen Cyperusarten, zartlaubige Farne, Caladien und Ananaspflanzen, während die farbenprächtigen Blüthenstände der Pontederien von der Wasserfläche herüber leuchten. Der Boden steigt sanft an; an der Grenze des Gartens aber erheben sich steile, waldgeschmückte Bergzüge, die einen wunderbar schönen Hintergrund zu dem Paradiese der üppigsten Tropenvegetation bilden.

Vor den heissen Sonnenstrahlen finden wir an vielen Orten Schutz, besonders in einer Bambusallee des Gartens. Jedes der in zwei weit von einander entfernten Reihen gepflanzten Gewächse entwickelt aus dem Wurzelstock viele dicht gedrängt stehende Halme, von ca. ein Fuss Durchmesser und gewaltiger Höhe. Diese Halme zeichnen sich im jugendlichen Zustande durch ihr rasches Längenwachsthum aus, welches unter günstigen Umständen mehr als zwei cm in der Stunde betragen kann. Die zahllosen, lineatische Blätter tragenden Äste und Zweige der Riesengräser neigen graciös nach allen Richtungen über, so dass die beiden Reihen der Pflanzen einen Laubengang von gothischem Stil bilden. Wenn der Wind sich erhebt, vernehmen wir ein durch das Zusammenschlagen der hohlen, holzigen Bambusstämme hervorgerufenes sonderbares Geräusch, und während unter dem Blätterdach mildes, gedämpftes Licht herrscht, fluthet vor den Eingängen zu dem herrlichen Dom strahlender Sonnenglanz durch den Garten.

Recht reich ist die Sammlung der vorhandenen Cycadeen, Pandaneen sowie Palmen. Cocosarten, Phoenix dactylifera und Ph. spinosa, deren Stämme durch das Vorhandensein der Reste abgefallener Blätter wie mit Schuppen bedeckt erscheinen, Latania aurea, eine schöne Fächerpalme, Euterpe, Elaeis guineensis etc. hat man in grosser Zahl angepflanzt. Besonders erfreute ich mich an einer von Exemplaren der Areca lutescens gebildeten Allee. Die sich zu beiden Seiten des Weges erhebenden Palmenstämme haben nur eine Höhe von ca. 6 Fuss, aber ihre Kronen bestehen aus grossen Fiederblättern, die in überaus anmuthiger Weise ausgebreitet sind. Viel Interesse nehmen auch die zu den Spreizklimmern gehörenden kletternden Palmen aus Ostindien (Calamusarten) in Anspruch, welche sich mit Hülfe der an der Mittelrippe ihrer Blätter, sowie an der peitschenartigen Verlängerung dieser Rippe, dem Flagellum, vorhandenen Stacheln an anderen Pflanzen festzuhaken vermögen. Man sieht ferner Podocarpus, Carludovica, Anonen, Myrtaceen, Magnolien, die gewaltigen Stämme von Chorisia speciosa, Dillenia speciosa, einen Baum mit auffallend rostfarbener Rinde, Erythroxylon Coca, aus dessen Blättern das Cocain gewonnen wird, Agaven, Cereusformen und zahlreiche andere Gewächse. Hier im Garten findet sich wie überhaupt bei Rio gute Gelegenheit, die oft sehr merkwürdigen Verzweigungsverhältnisse und Kronenformen tropischer Bäume zu studiren. Wie grundverschieden ist doch das Bild, welches die überaus reichlaubigen Ficusbäume mit ihren gewaltigen Stämmen und Kronen, oder der Mangobaum, der durch seine knorrige Beschaffenheit an die Eiche, durch den Besitz weithin ausgreifender Äste aber an den Wuchs der Platane erinnert, darbietet. Und ferner die Schirm-, Etagen- und Candelaberbäume. Die Schirmbäume der Tropen nähern sich in ihrer Form bald mehr derjenigen der Pinien, bald entsteht, wie es z. B. bei Caesalpinien der Fall ist, dadurch ein nahezu flach ausgespanntes Laubdach, dass die Seitenäste erster Ordnung, dicht bei einander vom Hauptstamm abgehend, eine fast horizontale Wachsthumsrichtung einschlagen. Wenn der Stamm eines Baumes, nachdem ein flacher Laubschirm gebildet worden ist, weiter senkrecht in die Höhe wächst, und noch einmal oder noch mehrmals ähnliche Schirme von ihm erzeugt werden, dann entsteht der sogen. Etagenbaum, der in sehr typischer Art z. B. durch Terminalia Catappa (Familie der Combretaceen) repräsentirt wird. Vielleicht hat die Eigenart der Entwickelung der Schirm- und Etagenbäume den Sinn, dass die weit ausgespannten Kronen als Mittel zur Verhütung einer zu starken Austrocknung der Bodenschichten, in denen sich die Wurzeln ausbilden, Verwendung finden. Bei den Candelaberbäumen wachsen die primären Äste zuerst horizontal oder etwas schief nach aufwärts, um dann in geringer Entfernung vom Hauptstamm mehr oder minder senkrecht emporzustreben. Diese Wachsthumsform steht gewiss mit dem Lichtbedürfniss der betreffenden Bäume im nächsten Zusammenhange.

Zeichnet sich der Passeio publico zu Rio durch seine Lage am Meer und durch seine schattigen Alleen aus, so ist ein anderer öffentlicher Garten der Stadt, welcher auf dem grossen Campo S. Anna nahe dem Bahnhof der Centralbahn angelegt wurde, durch seine Ausdehnung, seine malerischen Baumgruppen, künstlichen Grotten und ausgedehnten Rasenflächen bemerkenswerth.

In einiger Entfernung vom Campo S. Anna befindet sich auch das Nationalmuseum, welches sich freilich nicht mit ähnlichen Instituten in Europa messen kann, aber doch hübsche zoologische, botanische, mineralogische, geologische sowie ethnographische Sammlungen enthält. Ich lernte im Museum den ersten Director desselben, Dr. Lazerta, sowie andere Beamte kennen, von denen ich Herrn Neves Armond, Director der botanischen Abtheilung, und den leider kürzlich verstorbenen Zoologen Schreiner nenne. Gleich beim Eintritt in das Museum wird man durch den Anblick einer grossen, 5360 Kilo schweren Meteoreisenmasse überrascht, die 1784 im Innern Bahias gefunden worden ist und 95.1 % Eisen, 3.9 % Nickel sowie 1 % anderweitige Stoffe enthalten soll. In dem das Institut umgebenden Garten werden manche interessante Pflanzen cultivirt, Cereusarten, etwa 12 Fuss hohe cactusartige Euphorbien, buntblätterige Coleussträucher, Rotangpalmen, Araucarien, Amorphophallus, eine sehr merkwürdige Aracee mit grossem von einer Spatha umschlossenem Blüthenstand und einem einzigen sich später entwickelnden Blatt, dessen Stiel bei 1 m Länge einen Durchmesser von 6 cm erreicht, Eryngium paniculatum mit grundständigen, den blüthentragenden Stengel umgebenden Blättern, die denjenigen von Bromeliaceen gleichen, Salviaarten, die im Schmuck herrlicher, rother Blüthen prangten etc.

Sehr schön sind ferner auch manche im Privatbesitz

befindliche Gärten, namentlich in den Villenvororten Botafogo, Laranjeiras und Tijuca. Viele Besitzer legen das Hauptgewicht auf die Kultur von Gewächsen mit leuchtenden Blüthen, bestimmter Malva-, Abutilonarten, Orchideen etc.; andere suchen sich förmlich einen kleinen botanischen Garten einzurichten. Dies hat z. B. der Apotheker Peckolt in Rio gethan, der Ule und mich einmal einlud, seinen Landsitz in Tijuca zu besichtigen. Auf dem Wege dorthin besuchten wir einen Herrn Soares, der vor längeren Jahren Colonialdirector im Staat S. Catharina gewesen war. Bei einem Rachezuge, den die Weissen dort gegen die Indianer unternehmen mussten, um dieselben für die verübten Einfälle in die Ansiedelungen zu bestrafen, waren in einem Kampfe fast sämmtliche Rothhäute getödtet worden. Man machte unter anderen auch drei Indianerkinder zu Gefangenen, die der genannte Herr dann adoptirte und später nach Rio brachte, um ihnen eine möglichst gute Erziehung zu geben. Es interessirte mich sehr, diese Kinder, zwei Mädchen und einen Knaben, zu sehen, mit ihnen zu sprechen und zu beobachten, bis zu welch relativ hohem Grade bildungsfähig die Sprösslinge eines Naturvolkes sind.

Im Garten des Herrn Peckolt werden Cacaobäume, Vanilla, sehr hübsche Philodendronarten, Cycadeen, Tamarinden, Terminalien etc. cultivirt. Besonders erfreute mich aber ein herrliches Exemplar der Miritipalme (Mauritia) aus Nordbrasilien von bedeutender Höhe und mit ganz enormen Fächerblättern, eine der schönsten Pflanzen, die man sehen kann. Als Unkräuter trafen wir im Garten besonders eine Mirabilisart sowie Bryophyllum calycinum mit fleischigen Blättern an.

Von Rio aus habe ich allein oder in Gesellschaft meines Freundes Ule zahlreiche kleinere Ausflüge und auch grössere Reisen unternommen, über die nunmehr berichtet werden soll.

Besonders lehrreich war für mich eine wiederholt ausgeführte Excursion nach Copacabana. Verfolgt man die Strasse, welche am botanischen Garten vorbeiführt, weiter und hält man sich dann alsbald links, so gelangt man an einen See, der brakiges Wasser führt, in welchem Ruppia maritima üppig gedeiht. Man vernimmt schon aus weiter Ferne das Rauschen des Meeres, aber man befindet sich hier im Süden von Rio nicht mehr an der Bucht, sondern am freien Ocean. Wir durchqueren vom See aus eine sehr merkwürdige, der Hauptsache nach aus Büschen und niedrigen Bäumen zusammengesetzte Vegetationsformation, die sogen. Restinga, von der weiter unten eingehender die Rede sein soll, und gelangen an den breiten, flachen, sandigen Strand. Derselbe ist theils völlig vegetationsfrei, zum Theil mit niedrig bleibenden Pflanzen bedeckt. Die Wanderung durch den losen Boden ist mühsam, und der Wind treibt uns Sandmassen ins Gesicht, die aus sehr scharfkantigen Körnern bestehen müssen, denn die unmittelbar getroffenen Körperstellen schmerzen merklich. Wundervoll ist der Blick auf die schäumend heranrauschenden Wogen des blauen Meeres und auf die in geringer Entfernung vom Strande steil ansteigenden Züge des Gebirges.

Unter dem Einflusse der Sonnenstrahlen nimmt der lose Sand des Strandes in den Tropen leicht eine sehr hohe Temperatur an. Ich fand dieselbe z. B. am 15. November um $11\frac{1}{4}$ Uhr vormittags bei durchaus nicht völlig klarem Himmel zu 43^{0} C. Bei den Messungen wurde der etwa 2 cm lange cylindrische Quecksilberbehälter des Thermometers vertical in den Boden eingesenkt, und das Instrument dann durch einen Schirm vor directer Bestrahlung geschützt. Die Erwärmung der oberen Bodenschichten wird zweifellos oft noch bedeutender sein, als ich dieselbe hier constatirte.

Bei der Betrachtung der Vegetation des Sandstrandes fallen vor allen Dingen viele Cereusindividuen, theils aufgerichtete, theils dem Boden angeschmiegte Formen, auf, vor deren Dornen man sich beim Gehen in Acht nehmen muss, da dieselben das Leder der Stiefel leicht durchbohren können. Ferner sind zu erwähnen Portulaccaspecies, eine Polygala mit hübschen blauen Blüthen, Stenotaphrum glabrum, ein Gras mit zusammengedrückten, abgeflachten Internodien, Hecastophyllum, sowie Cyperaceen, Amarantaceen und Convolvulaceen (Ipomoea), die sich dadurch auszeichnen, dass sie 20—30 Fuss lange, an der Bodenoberfläche oder dicht unterhalb derselben hinkriechende Stengeltheile besitzen, welche an bestimmten Stellen Wurzeln und ziemlich fleischige Blätter erzeugen. Diese letzteren Gewächse nahmen mein besonderes Interesse in Anspruch, denn sie lassen sehr deutliche Anpassungen an den von ihnen bewohnten Standort erkennen. Indem die Pflanzen sich nicht aufrichten, sondern dem Boden angeschmiegt bleiben, schützen sie sich in wirksamer Weise vor den Zerstörungen durch den heftigen Wind, der an der Küste weht. Die Befestigung des Organismus im losen Sand ist gewiss schwierig, aber durch zahlreiche, in geringer Entfernung von einander an den Stengeltheilen entspringende Wurzeln kann dieselbe doch sicher erzielt werden, und indem diese Stengel, wie es namentlich bei der Ipomoea der Fall ist, im Boden selbst hinkriechen, sichern sie sich zugleich vor zu starker Erwärmung, die ihnen nachtheilig werden könnte.

Bei Copacabana, dessen Kirche man bereits aus weiter Ferne erblickt, ist die Küste felsig. In kleinen, stets mit Seewasser angefüllten Vertiefungen des Gesteines, an dem die Brandung schäumend aufrauscht, findet man Ulvaarten mit sehr breitlappigem, grünem Thallus, Fucaceen sowie Cladophoreen. An einem etwas höher gelegenen rasigen Hang begrüsste ich hier auch aus Europa auf irgend eine Weise eingeschleppte Bekannte, nämlich Anagallis und Plantago media (Wegerich).

Wendet man sich vom Strande aus landeinwarts, so gelangt man bei Copacabana und in der Umgebung dieses

Ortes sofort in die Restinga. Die Vegetation derselben wird von dichtem, mit niedrigen Bäumen durchsetztem Gebüsch gebildet, welches auf einem der Hauptsache nach aus losem Meersand bestehenden Boden wächst. Ich erwähne hier folgende Pflanzen der Restinga: Abrus, einen zu den Papilionaceen gehörenden Strauch, Anacardium occidentale (Strauch), Eugenia uniflora, eine strauchförmige Myrtacee, deren herrlich rothgefärbte, grosse Früchte, Pitangas genannt, ihres süsssäuerlichen Fleisches wegen gegessen werden. Diese Früchte schimmern sehr verlockend aus dem grünen Laubwerk hervor. Ferner sind zu nennen Aspidosperma (strauchförmige Apocynacee), schön blüthige Abutilonsträucher, Coccoloba (strauchige Polygonaceenform), ein Myrtaceenstrauch mit kleinen, violetten Blüthen, deren fleischige Kronenblätter ganz süss schmecken und gern von Vögeln, die wahrscheinlich die Fremdbestäubung in diesem Falle vermitteln, gefressen werden, eine baumförmige Clusiacee mit handgrossen, dicken, fleischigen Laubblättern, Diplothemium maritimum, eine niedrige Palme, Desmoncus, Kletterpalme, bei der die oberen Fiedern der Blätter in hakenartige Organe umgewandelt sind, Tillandsien, eine herrliche, bodenbewohnende Bromeliacee, deren untere Laubblätter grün, die höher stehenden aber roth gefärbt erscheinen, während die violetten Blüthen zwischen grossen weissen Hochblättern sitzen, hohe Cereusformen mit gelben Blüthen und auch niedrige Cacteen, Vanilla sowie Epidendrum, Orchideen, die im Boden wurzeln, indessen mittelst anderer, dem Stengel entspringender Wurzeln hoch im Gebüsch zu klettern vermögen, im Blüthenschmuck prangende Passifloren, Tragia, eine mit Brennhaaren ausgerüstete, zu den Euphorbiaceen gehörende Pflanze, rothe Polyporusarten, die auf Baumstämmen schmarotzen, etc.

An der Grenze zwischen dem vom Meere bespülten Sandstrande und der Restinga befindet sich häufig eine Zone, die theils von eigentlichen Strand-, theils von Restingapflanzen bewachsen ist. Diese letzteren bilden hier aber keine hohen, sondern ganz niedrige Büsche, von ca. 1—2 Fuss Höhe, welche aussehen, als wären sie beschnitten. Jeder aufstrebende Zweig ist derartig dem Winde preisgegeben, dass er alsbald zu Grunde geht, und daher breiten sich die Enden der oberirdischen Theile der Pflanzen mit ihren Blättern in einer Ebene in geringer Höhe über dem Boden aus.

Für den Charakter der Restingavegetation ist es gewiss von Wichtigkeit, dass der ihr zum Standort dienende lose Sandboden wenigstens zu Zeiten verminderten Regenfalles stark austrocknet. In dieser Hinsicht findet man hier ähnliche Verhältnisse wieder, wie in der Caatinga und in manchen Gegenden der brasilianischen Campos, von welcher später die Rede sein wird. Andererseits muss aber doch ein durchgreifender Unterschied zwischen Caatingas sowie Campos und der Restinga in sofern constatirt werden, als die Gewächse der beiden ersteren von sehr wassergasarmer Luft, diejenigen der Restinga von feuchter Seeluft umgeben sind. Betrachtet man die Blätter der Büsche in der Caatinga oder den Campos, so findet man sie vielfach mit einem Haarkleid besetzt, wodurch offenbar ein sehr wirksames Mittel zur Verminderung der Wasserverdunstung gegeben ist. In der Restinga sieht man nur wenige Pflanzen mit stark behaartem Laub, z. B. einen im November grosse, blaue Blüthen tragenden Melastomaceenstrauch; es genügt hier, um die Transpiration zu beschränken, wenn die Blätter lederartige oder fleischige Consistenz besitzen.

Anpassungen an die wenigstens zeitweise grosse Trockenheit des Bodens werden den Restingapflanzen gewiss in mancherlei Formen eigenthümlich sein, und ich sehe eine solche schon in dem geselligen Auftreten der Sträucher. Als ich in der Nähe von Copacabana die Oberfläche des den directen Sonnenstrahlen ausgesetzten Bodens zur Mittagszeit berührte, zeigte dieselbe eine so hohe Temperatur, dass die Hand alsbald empfindlich schmerzte. Der von Pflanzen beschattete Sand besass dagegen einen weit niedrigeren Wärmegrad, und indem das dichte Gebüsch der Restinga den Boden vor zu starker Erhitzung, resp. Austrocknung schützt, begünstigen die Gewächse gegenseitig ihr Gedeihen.

Am 15. November stellte ich auch Messungen über die Temperatur der fleischigen Stämme von Cereuspflanzen in der Restinga bei Copacabana an. Die Luft war nicht völlig klar, so dass die Sonnenstrahlen ihre volle Wirkung keineswegs geltend machen konnten. Die Messungen, bei denen der ca. 2 cm lange cylindrische Quecksilberbehälter des Thermometers in den Cactusstamm eingeführt wurde, um die Ablesungen nach Verlauf einiger Zeit vorzunehmen, während welcher ein grosser Schirm das Untersuchungsobject beschattete, ergaben um $11^3/_4$ Uhr für eine Pflanze 40.5—41° C. Temperatur der der Sonne frei ausgesetzt gewesenen oberen Bodenschicht in der Nähe 45.5° C. Lufttemperatur ca. 30° C.; an Orten, wo der Seewind freien Zutritt hatte, etwas niedriger, an geschützten Orten etwas höher. Um 1 Uhr zeigte ein fast völlig horizontal gewachsener Cereusspross 45° C.

Die schon seit längerer Zeit bekannte Thatsache, dass Cacteen im directen Sonnenlicht diese und gewiss oft noch höhere Temperaturen wiederholt annehmen und längere Zeit behalten, ist gewiss sehr merkwürdig. Die meisten Pflanzen sterben ab, wenn sie, von Luft umgeben, kurze Zeit einer Temperatur von 51° C ausgesetzt werden. Bei 45° C. erscheint in der Regel schon das Temperaturoptimum für den Athmungsprocess erheblich überschritten, und Wachsthum der Zellen ist bei diesem Wärmegrade nur noch in seltenen Fällen möglich. Somit sieht man sich zu der allerdings erst durch genauere Untersuchungen auf ihre Richtigkeit zu prüfenden Vermuthung gedrängt, nach welcher die Cacteen sich höheren Temperaturen gegenüber anders wie die meisten übrigen Gewächse verhalten.

Die unvergleichlich schöne Bucht von Rio und ihre verschieden gestalteten Ufer kann man in grösster Bequemlichkeit kennen lernen, wenn man die Dampfschiffe benutzt, welche sie nach allen Richtungen hin durchkreuzen. Eine Linie führt uns z. B. nach dem ganz im Norden gelegenen Orte Mauā, wo die reich entwickelte Mangrovevegetation des Strandes besonders aus Avicennia (Familie der Verbenaceen) und Laguncularia (Familie der Combretaceen) zusammengesetzt ist. Von ähnlicher Beschaffenheit finden wir das Ufer bei S. Anna, einem Vorort von Nictherohy, in dessen Nähe mehrere grünende Inseln aus dem Meer auftauchen. In den Mangrovesümpfen bei Nictherohy selbst gedeiht, abgesehen von den beiden erwähnten Pflanzen, auch Rhizophora. Besonders lohnend ist eine Fahrt mit dem Dampfschiff nach S. Domingos und weiter mittelst Strassenbahn nach Icarai. Schmale Meeresarme dringen hier tief in das Land ein, und die Scenerie des felsigen Ufers bietet immer neue Reize dar.

Merkwürdige in Brasilien vorkommende Gewächse sind die Vellosieen, vertreten durch die beiden Gattungen Vellosia und Barbacenia. Die meisten Repräsentanten dieser kleinen Familie der Monocotyledonen kommen in den Gebirgen der Campos, z. B. auf dem Itacolumy bei Ouro-Preto, vor; einige findet man auch in der Nähe der Küste. Die Pflanzen haben gabelig verzweigte Stämme von zuweilen 2 m Höhe und tragen an den Enden ihrer Zweige lange, linealische Blätter. Ich lernte Vellosia candida, eine kleinere Form, auf einer Excursion in ein bei Laranjeiras abzweigendes schönes Thal kennen. Von diesem Thal aus geniesst man einen herrlichen Blick auf den Zuckerhut sowie den Corcovado. Die dasselbe begrenzenden Hänge sind theils mit grossen Felsplatten, theils mit dichtem Gebüsch bedeckt, welches nur mit Mühe zu passiren ist. Hier zwischen den Sträuchern, an etwas lichteren Stellen, fanden wir die Vellosia nach langem Suchen. Ferner sahen wir roth blühende Gesneraceen, Verbenaceen mit blauen und orangefarbenen Blüthen, Habenaria, eine bodenbewohnende Orchidee, Indigofera Anil, Clusia in Gestalt eines kleinen Baumes, Anchietea, eine kletternde Violacee, deren Samen mit häutigen Flügeln versehen sind, Palmen von geringer Höhe (Astrocaryum) und viele andere Gewächse.

Zu den bekanntesten Ausflügen von Rio aus gehört derjenige auf den ca. 2500 Fuss hohen Corcovado. Von Lanranjeiras führt eine Zahnradbahn bis fast auf die Spitze des Berges. Während der Fahrt bieten sich grossartige Blicke in die Ferne und noch schönere in tief eingeschnittene, bewaldete Thäler dar. Die Aussicht vom Gipfel des Corcovado ist wundervoll. Der oberste, kegelförmige Theil desselben trägt keinen Wald. Die vielfach mit sehr intensiv roth gefärbtem Lateritboden bedeckten Hänge erheben sich steil und fallen nach der Meeresseite zu fast senkrecht ab. Der Himmel war völlig klar, und der Blick von der Bergeshöhe auf die Stadt, das blaue Meer, die schweigenden Wälder wird mir unvergesslich bleiben.

Ich streifte später lange im Wald umher, indem ich besonders den prächtigen Waldweg an der für die Stadt Rio erbauten Wasserleitung verfolgte, deren Hauptquellen auf dem Corcovado liegen. Wirklicher Urwald ist hier nicht mehr vorhanden, aber die Baumvegetation erscheint doch überaus üppig, mannigfaltig und merkwürdig. Das reichlich vorhandene Unterholz wird von Heliconien, Caladien, Mimoseen, Urticaceen, Piperaceen, Rubiaceen, z. B. der weiss blühenden Rubus rosaefolius, Melastomaceen, Abutilonarten mit 25 cm langen Blättern, welche auffallend entwickelte Traufelspitzen tragen, zierlichen Farnen etc. gebildet. Reizend ist der Anblick der auf dem Corcovado so häufigen, 15—20 cm Spannweite besitzenden blauen Schmetterlinge (Morphiden), die theils ziemlich hoch in der Luft fliegen, theils aber auch dicht über dem Boden flattern, so dass man sie leicht fangen kann.

Auf dem Ruckwege verfolgte ich zunächst bis zur Station Silvestre, in deren Nähe fächerblätterige Livistonien und riesige, weisse Blüthen tragende Daturabäume angepflanzt sind, den Bahnkörper. Von hier aus brachte mich die Strassenbahn über S. Thereza auf einer an den Berghängen hinziehenden Chaussee an die Haltestelle der Drahtseilbahn, die nach Rio führt.

Ein oft genannter Ort in nicht gar grosser Entfernung von Rio ist Petropolis, der seines milden, gesunden Klimas wegen von vielen Bewohnern der Hauptstadt während der heissen Zeit aufgesucht wird. Um nach Petropolis zu gelangen, benutzt man zunächst das Dampfschiff bis Mauã. Die Fahrt auf der Meeresbucht dauert etwa eine Stunde, und die sich an dieselbe anschliessende Bahnfahrt abermals eine Stunde. Der Zug passirt buschiges, zum Theil sumpfiges Terrain; weiter geht es die Serra da Estrella (es ist dies ein Theil des Orgelgebirges) hinan, vorbei an waldigen Höhen, schön geformten Felsen, tiefen Schluchten und rauschenden Bächen. Leider verhüllten die dichten, wallenden Nebel, welche sich hier so leicht bilden, indem die vom Ocean aufsteigenden Wasserdünste in Contact mit den kühleren Höhen des Gebirges verdichet werden, jeden Ausblick in die Ferne, und bald, nachdem ich in dem 2600 Fuss hoch über dem Meer gelegenen Petropolis angelangt war, begann auch der Regen in Strömen zu fliessen.

Petropolis wurde als deutsche Colonie vor etwa 70 Jahren gegründet, und das deutsche Element ist hier noch heute reichlich vertreten. Auch einzelne Pflanzenformen erinnern an unsere nordische Heimath, denn in der Nähe der Stadt cultivirt man Äpfel, Birnen, Erdbeeren, Eichen, welche letztere im Sommer (September bis Februar) laublos dastehen, sowie Weiden, die ihre Blätter nicht abwerfen. Als eingeschleppte Unkräuter treten Taraxacum officinale sowie Capsella bursa pastoris auf.

Petropolis ist der Hauptsache nach eine Villenstadt. Die

breiten, mit Baumreihen bepflanzten Strassen werden in ihrer Mitte von schön gefassten Bächen durchflossen, deren Ufer durch viele Holzbrücken verbunden sind. Die zum Theil sehr grossen, unvergleichlich herrlichen und lieblichen Gärten der Villen prangen in zauberhaftem Blüthenschmuck. Der Duft der Blumen erfüllt die Luft; das frischeste Grün erfreut das Auge. Überall Rosen und immer wieder Rosen, Gladiolen, Azaleen, Camellien, Bougainvilleen, zahllose Orchideen auf den Bäumen, buntblätterige Coleusträucher, Musaceen, hoch ragende Palmen, Pandaneen, Begonien, Orangen, Bambusarten, Farnbäume etc.

Ich hatte die Absicht, mich längere Zeit in Petropolis aufzuhalten; indessen das Wetter blieb anhaltend schlecht, so dass ich meinen Entschluss änderte und nur, allerdings bei heftigem Regen, eine Excursion in eines der von der Stadt ausstrahlenden, waldigen Thäler unternahm. In den sehr feuchten Wäldern treten hier die Palmen sowie dickstämmigen Lianen zurück; dafür aber ist der Boden mit einer herrlichen, überaus mannigfaltigen Farnvegetation geschmückt, und die Bambusarten sind durch Repräsentanten der Gattungen Merostachys sowie Chusquea reich vertreten.

Unvergesslich werden mir die Eindrücke bleiben, welche ich am 12. October bei Gelegenheit eines mit Herrn Ule auf den ca. 2500 Fuss hohen Pico do Papagaio unternommenen Ausfluges empfing. Wir brachen bereits vor vier Uhr morgens von unserer Wohnung auf, fuhren mit der Strassenbahn nach dem Vorort Tijuca und traten die Wanderung in die Berge an, als die Sonne im strahlenden Glanz eben über dem Horizont erschien. Am Ufer der kleinen Bäche, die den von uns verfolgten Thalgrund zuströmten, sah ich zum ersten Mal wild wachsende Farnbäume (Cyathea- und Alsophilaarten), deren mehrere Meter hohe, unverzweigte, an ihrer Oberfläche mit Blattstielresten bedeckte Stämme gleich vielen Palmen eine reiche Krone zart gefiederter Blätter tragen. Rechts vom Weg erblickten wir alsbald die fast senkrecht aufsteigenden Felswände der Tijucaspitze, welche freilich keine Baumvegetation gestatten, wohl aber anderen Pflanzenformen einen Standort gewähren. In unseren Breiten kommen nur manche Flechten, Moose und Algen als eigentliche Felsenbewohner vor; in den Tropen dagegen gesellen sich zu den Kryptogamen höhere Pflanzen, zumal Tillandsien und Rhipsalideen, die in vieler Hinsicht Aehnlichkeit mit den an recht trockenen Standorten lebenden Epiphyten haben.

Der von uns eingeschlagene schmale, allmählich im Thalgrunde ansteigende Weg führte auf eine gut gehaltene Chaussee, und indem wir diese verfolgten, gelangten wir alsbald zu einem rings von Wald umrahmten Wasserfall. Mehr als 100 Fuss hoch stürzen die schäumenden Wassermassen über geglättete Felswände hernieder, an denen sie zum Theil zu feinem, sich in der Luft vertheilendem Nebel zerstäuben. Der Wald wird hier, wie gewöhnlich in den Tropen, von Bäumen der verschiedensten Art gebildet. Namentlich walten Leguminosen, Xanthoxyleen mit dornigen Stämmen, Euphorbiaceen, Myrtaceen, Melastomaceen, Lauraceen und in grösserer Höhe auch Magnoliaceen (Drimys Winteri mit unterseits hell blaugrünen Blättern) sowie Tiliaceen (Sloanea) vor. Dazu gesellen sich hochragende Cocosarten und Euterpe edulis, eine Palme, die wildwachsend stets im Schutze anderer Bäume angetroffen wird, da sie offenbar direkte Besonnung nicht gut verträgt.

Oberhalb des Wasserfalles nach Bella-Vista zu, wo sich herrliche Fernblicke eröffnen, hat die Kunst viel gethan, um den Reiz dieser paradiesischen Gegend noch zu erhöhen. Auch manche merkwürdige Gewächse sieht man hier angepflanzt, z. B. Proteaceenbäume, Araucarien, Pandaneen, Bambusarten, Eucalypten, Strelitzien. In der Nähe von Bella-Vista fielen uns an den grauen Rinden vieler Bäume hell rosafarbene Flechten auf; besonders aber fesselten Züge blattschneidender Ameisen, die einen Leguminosenbaum heimsuchten, unser Interesse. Viele der auf der Erde hinkriechenden Thiere waren mit Blattstücken, die sie im Begriff standen, in ihr Nest zu bringen, beladen; einige trugen auch andere Ameisen; indessen ist mir nichts über die Bedeutung dieses letzteren Transportes bekannt.

Nach kurzer Rast an einem Bach, im kühlen Schatten hoher Bambusbüsche, betraten wir einen schmalen Waldweg, der, zunächst sanft ansteigend, in vielen Windungen fast stets am Abhange eines Höhenzuges hinführte. Immer feuchter wurde der Wald, je höher wir kamen. Von den Felsen zur Rechten des Weges, die oft tiefe, grottenartige Bildungen zeigten, tropfte das Wasser herab. Kleine Bäche rauschten hinab ins Thal, und es hätte gewiss nur einer sehr geringen Erniedrigung der Temperatur bedurft, um in der wassergasreichen Luft Nebelbildung zu veranlassen. Diese Abkühlung machte sich aber nicht geltend; die Sonnenstrahlen leuchteten vielmehr durch den Wald, der hier im Wesentlichen den Charakter des Urwaldes trägt. Freilich fehlten Riesenbäume, Palmen und dicke Lianen; aber im Schatten der immerhin mächtigen Stämme entfaltete sich vor meinen staunenden Blicken eine Vegetation von unbeschreiblichem Reiz, einer Zartheit, Anmuth, Mannigfaltigkeit der Formen und einem Glanz der Farben, die mich ganz entzückten. Hier in den hochgelegenen, Feuchtigkeit triefenden Bergwäldern, in deren lichtem Schatten sehr reichliches Unterholz gedeihen kann, finden zumal die Bambusarten, Begonien und Farne so recht den geeigneten Standort. Die Bambusarten, hohe, stattliche Formen mit dornigen Stämmen, bilden vielfach undurchdringliche Dickichte. Begonien giebt es an den Felsen und an anderen Stellen zu Tausenden. Einige klettern hoch an den Baumstämmen empor. Manche tragen völlig grüne, andere unterseits roth gefärbte, oberseits silberfleckige Blätter, wieder andere zeichnen sich durch den Besitz sehr grosser, behaarter Blätter aus.

Dazu die merkwürdigen Blüthen dieser Pflanzen, und nun vor allen Dingen die Farne. Bewunderungswürdig ist nicht nur die grosse Zahl der Arten und Individuen dieser Gewächse, die an den Abhängen des Pico do Papagaio vorkommen, sondern ebenso die Zierlichkeit sowie Mannigfaltigkeit der Gliederung ihrer Fiederblätter. Die Natur scheint sich in der Hervorbringung der merkwürdigsten Blattgestaltungen gar nicht genug thun zu können. Baumfarne (Cyathia und Alsophila) giebt es sehr viele, keineswegs allein an den Bachen, vielmehr überall im Wald. Diese Gewächse mit ihren aus zahlreichen, grossen, feingefiederten Blättern zusammengesetzten Kronen, die von hohen Stämmen getragen werden, gehören ohne Zweifel zu den schönsten Bildungen des Pflanzenreichs, die man immer wieder in stiller Bewunderung anschaut. Den Boden bedecken zahllose kleine Farne, zumal Hymenophyllaceen, Polypodiaceen und Gleicheniaceen. Einen lauten Ausruf der Freude entlockte mir der Anblick vieler dicht gedrängt bei einander stehender Exemplare des herrlichen Blechnum polypodioides, dessen ältere grüne Blätter gleich einem Kelch das jüngere im zartesten Rosa schimmernde Laub der Pflanzen umgaben. Ein epiphytisches Asplenium trug lang zugespitzte, überaus fein gefiederte Blätter, die gleich zarten Schleiern herabhingen, während ein grossblätteriges, ebenfalls epiphytisches Polypodium einen mächtigen Wurzelballen zeigte, der zum Aufsammeln humusliefernder Pflanzenreste sowie der Feuchtigkeit dient.

Moose giebt es hier nicht nur an den Stämmen der Bäume, sondern auch manches derbe Laubblatt ist auf seiner Oberseite von epiphyllen Leber- und Laubmoosen überzogen. Von den Ästen hangen epiphytisch lebende Cacteen, deren Körper aus kleinen, walzenförmigen Gliedern zusammengefügt ist (Hariota salicornoides) herab. Im Gezweig sieht man viele Bromeliaceen (Tillandsien, Vriesea, Nidularium), und parasitische Loranthaceen sind auch nicht selten

Unter den Kletterpflanzen fallen besonders Araceen, Paulinien und Mutisien, merkwürdige labiatiflore Compositen mit gefiederten, rankentragenden Blättern auf.

Im übrigen war der Wald reich an Heliconien (eine Form mit herrlich rothen Bracteen und weisslichen Blüthen), Marantaceen mit orangefarbenen, von carminrothen Hochblättern umgebenen Blüthen, Caladien, Melastomaceen, z. B. Leandra, deren Stengel in der blüthentragenden Region mit rothen Haaren besetzt ist, Piperaceensträuchern, Lycopodien (Lycopodium cernum) etc.

Zu dem höchsten, kegelförmigen Gipfel des Pico führt ein sehr steil ansteigender Pfad hinan. Hier wächst im Wald der schon genannte Magnoliaceenbaum Drimys und die zu den Solanaceen gehörende Braunfelsia mit schönen, grossen, violetten Blüthen. Wunderbare Stille herrscht rings umher. Über den schweigenden Bergwäldern ist der blaue Himmel ausgebreitet, und in der Tiefe schimmert die sonnenbeglänzte Fläche eines Landsees. In gehobener Stimmung traten wir etwas nach Mittag den Rückweg an und erreichten Rio noch vor Sonnenuntergang.

V. Reisen in den Staaten Rio de Janeiro, Minas Geraes, São Paulo und Espirito Santo.

Die erste grössere Reise, die ich von Rio aus unternahm, galt den Staaten Minas Geraes und S. Paulo. Der Zug der Centralbahn verlässt die Hauptstadt morgens um 5 Uhr. Die Wagen sind bequem eingerichtet mit Mittelgang und Sitzen aus geflochtenem Rohr für die erste Classe. Die Fahrt während der ersten Stunden durch die waldige Serra do mar mit manchem schönen Fernblick ist sehr hübsch. Bei der Frühstücksstation Barra do Pirahy, wo die Hauptbahn nach Minas Geraes von der Rio-S. Paulo-Bahn abzweigt, erreicht man den Parahyba, der dem atlantischen Ocean zuströmt. An diesem breiten Fluss geht es, immer noch im Staat Rio de Janeiro, weiter bis Entre-Rios. Bald aber befindet man sich an der Grenze von Minas und fährt durch Gebirgsketten der Serra da Mantiqueira, deren gewaltige, steil aufragende Felsenmassen, tiefe Schluchten sowie rauschende Gebirgswasser einen prächtigen Anblick gewähren. Juiz de Fora und Barbacena werden berührt. Man reist stundenlang durch das ziemlich ebene, mit Camposvegetation bedeckte Hochland von Minas. Die Zahl der Passagiere ist nicht mehr gross. In rasender Eile saust der Zug dahin, die sich auch nicht vermindert, wenn derselbe unter eigenthümlichem Knirschen eine der zahlreichen Kurven von geringem Radius passirt. Ich hatte oft die Empfindung, dass sich im nachsten Augenblick ein entsetzliches Ungluck zutragen musste, aber wir erreichten gegen Abend glücklich Lafajette, in dessen Nahe Queluz liegt, eine Stadt von 3000 Einwohnern, bekannt als Stapelplatz der in der Umgegend cultivirten Baumwolle. Auf dem nur wenige Fuss breiten Perron des Stationsgebäudes von Lafajette hatte man Muhe sich zu bewegen, denn Kisten und Fasser versperrten den Weg fast vollig. Die Dunkelheit war bereits eingebrochen, als die Reise in schlechten, niedrigen Wagen der hier beginnenden schmalspurigen Bahn fortgesetzt wurde. Man gelangt bald in die Serra da Espinhaço; man vernimmt das Rauschen der Gebirgsbache, und auf der Rückfahrt sah ich auch die steilen Hange des Gebirges sowie das sehr enge Thal, in welchem an manchen Stellen zwischen senkrecht ansteigenden Felswanden ausser einem uber Steinblöcke dahinstromenden Flüsschen nur noch der Bahnkörper Platz hat. Der Zug fuhr sehr langsam, so dass wir erst gegen Mitternacht das uber 1000 Meter hoch und unter 20.24^0 s. B. gelegene Ouro-Preto erreichten.

Der Staat Minas Geraes, dessen Hauptstadt Ouro-Preto ist, nimmt einen grösseren Flachenraum als das Deutsche Reich ein, zählt aber nur ca. $2^1/_2$ Millionen Einwohner.

Die Stadt Ouro-Preto hat heute 15000 Einwohner. Sie ist auf bergigem Terrain erbaut, so dass ihre Strassen zum Theil sehr steil ansteigen. Mein erster Besuch gleich am Morgen nach meiner Ankunft galt Herrn Dr. Schwacke, einem Deutschen, der sich als Botaniker und als Director der pharmazeutischen Akademie in Ouro-Preto viele Verdienste erworben. Dieser Landsmann machte mich in entgegenkommender Weise sogleich mit Herrn Senna, einem hervorragenden Politiker in Minas, sowie mit dem deutschen Consul Herrn v. Sperling bekannt. Wir unternahmen kleinere Spaziergange in die Umgebung der Stadt, die in der

That als sehr schön bezeichnet werden muss. Von den Höhen, an welche sich die Häuserreihen anlehnen, blickt man in ein tiefes Thal. Jenseits desselben erheben sich wieder mit Buschvegetation bedeckte Gebirgsketten, aus denen das kahle, sehr charakteristisch gestaltete, seitlich stark überneigende Haupt des Itacolumy hervorragt. In der Nähe der Stadt fielen mir grosse Mengen von Plantago und von Conium maculatum (Schierling) auf, die auf irgend eine Weise eingeschleppt sein müssen.

Am nächsten Tage wanderte ich allein nach dem zwei Stunden von Ouro-Preto entfernten Passagem, um die dort vorhandenen Goldbergwerke kennen zu lernen. Man hatte mich freilich auf die in dem genannten Orte herrschende, allerdings im Erlöschen begriffene Blatternepidemie aufmerksam gemacht; da ich aber kurze Zeit vor der Abreise von Europa geimpft worden war, brauchte ich keine Furcht zu haben. Der alsbald sehr schlecht werdende Weg führt immer an einem mit Busch bewachsenen Berghange hin. Zur Rechten dehnt sich ein tiefes Thal; jenseits desselben verläuft in schönen Linien die Itacolumykette. An vielen Stellen des Weges tritt nacktes Glimmerschiefergestein zu Tage. Der Sand an der Strasse glitzert im Sonnenlicht, denn er enthält sehr zahlreiche kleine Glimmertheile, die der Verwitterung bekanntlich grossen Widerstand entgegensetzen. In Passagem traf ich mit Herrn Dr. Schwacke zusammen, und wir machten uns alsbald auf, das nicht weit entfernte, von einer englischen Gesellschaft betriebene Bergwerk in Augenschein zu nehmen.

Man hat hier mit ziemlich starker Neigung nach abwärts verlaufende Gänge in die Erde getrieben. Tief unten wird der goldführende Quarzit gebrochen, um ihn dann in Karren an die Oberfläche zu befördern. Das Gesteinsmaterial wird hier zunächst mittelst grosser, durch Wasserkraft in Betrieb gesetzter Maschinen grob, dann zu einem feinen Pulver zertrümmert. Dieses gelangt auf Schüttelvorrichtungen, über die Wasser hinströmt, um die leichteren Quarztheilchen von den schweren Goldkörnern mehr und mehr zu sondern. Die letzte Wäsche des Goldes erfolgt unter Beihülfe von Wasser in flachen, tellerartigen Gefässen, die von der Hand der Arbeiter bewegt werden. Man gewinnt im Monat etwa 40 Kilo Gold, die einen Werth von ca. 80000 Mark repräsentiren. Bei Passagem wird auch Goldwäsche in den Flüssen, die in der Nähe fliessen, betrieben. Relativ goldreich ist besonders der unterhalb kleiner Wasserfälle im Flussbett abgesetzte Sand, den man sammelt und auswäscht.

Das Hauptziel meiner Reise im Staat Minas sollte Lagôa Santa sein, um dort die Camposvegetation näher kennen zu lernen. Ich fuhr von Ouro-Preto aus mit der Bahn zunächst eine kurze Strecke in westlicher, dann lange in nordwestlicher Richtung bis Sabará am schönen Rio das Velhas. Die Fahrt in dem Thale dieses Flusses, das tief in das Campos bedeckte Plateau von Minas einschneidet, ist sehr hübsch. Die ziemlich steilen Hänge sind von prächtigem Wald geschmückt, aus dessen Grün hier und da blühende Bougainvilleen farbenprangend hervorleuchten. Von Sabará weiter bis Vespasiano, wo ich die Bahn verliess. Das Wirthshaus dieses Dorfes war wenig behaglich und sehr schmutzig, übrigens von freundlichen Menschen bewohnt, die sich mir gefällig zeigten. Abends versammelten sich verschiedene Brasilianer in dem Hause, um unter grossem Lärm bis tief in die Nacht hinein Karten zu spielen. Ich genoss die Kühle der Luft nach eingebrochener Dunkelheit im Freien. Dabei leisteten mir grosse Hunde sowie schwarzborstige Schweine, welche zu meinen Füssen lagen, Gesellschaft.

Für die Tour nach Lagôa Santa, etwa zwei Meilen östlich von Vespasiano gelegen, hatte der Wirth einen Führer engagirt. Wir passirten zunächst einen kleinen Fluss, dessen Ufer von einer üppigen Baum- und Strauchvegetation eingefasst waren, dann ging es kurze Zeit steil bergan und nun auf ziemlich ebenem Terrain in sehr charakteristischer brasilianischer Camposregion, die ja überhaupt im Innern des Landes so ungemein verbreitet ist, weiter. Der rothe Thonboden dieser Gegend (in der Nähe von Lagôa Santa giebt es, wie hier bemerkt werden mag, auch Kalkgestein) wird überzogen von einem dichten Rasen kleinerer, perennirender Gewächse, unter denen grauhaarige Gräser, Labiaten, Boragineen sowie Compositen, die ich auch zum Theil in Blüthe fand, die erste Stelle einnehmen. Warming (vergl. den botanischen Jahresbericht von 1892), der die Flora von Lagôa Santa eingehend studirte und dessen Angaben ich im Folgenden mehrfach verwerthen werde, macht auch noch besonders auf merkwürdige Eryngien (Umbelliferen) aufmerksam. Erdbromeliaceen sind ebenfalls vorhanden; vor allen Dingen fällt aber die ziemlich dichte Vegetation von Myrtaceen-, Malpighiaceen- und Melastomaceensträuchern auf, welche fast sämmtlich weichhaarige, auf der Unterseite grau- bis bräunlich gefärbte Blätter tragen. Die niedrigen Bäume zwischen der die weiten Camposebenen bedeckenden Strauchvegetation zeichnen sich durch graue, zum Theil mit dicken Korklagen versehene Stämme und namentlich durch den sonderbaren, förmlich schlangenartig gewundenen Wuchs dieser letzteren aus. Es macht den Eindruck, als ob dieselben bestrebt wären, sich möglichst im Schutz des Gebüsches zu entwickeln. Palmen giebt es wenige; ich sah nur eine Cocosart, wohl Cocos flexuosa. Ebenso ist die Zahl der das Gebüsch durchziehenden Schlingpflanzen gering. Sehr charakteristisch für das gesammte Landschaftsbild erscheinen noch die zahlreichen Termitenbauten, welche überall als rothe, zum Theil mannshohe Kegel vom Boden emporragen, oder in Gestalt kopfgrosser, mit rother Thonschicht umkleideter Nester an den Bäumen kleben.

Wir haben es hier also mit echten Campos cerrados

(geschlossenen Campos) zu thun, während an anderen Stellen bei Lagôa Santa auch Campos limpos ohne Bäume, ja fast ohne Büsche, nur von Gräsern und anderen niedrig bleibenden Pflanzen bestanden, vorhanden sind.

Nach mehrstündiger Wanderung schimmerte uns aus einer ausgedehnten Bodensenkung die sonnenbeglänzte Wasserfläche des Landsees von Lagôa Santa entgegen, dessen Ufer meist von Gebüsch umsäumt sind, und bald erreichten wir auch das unter 19.40^{0} südl. Breite gelegene, weitläufig gebaute Dorf, zwischen dessen Häusern und Gärten hier und da hohe Palmen aufragen. Ich ging zunächst zum Ortsgeistlichen, der mir aber einen so stumpfsinnigen, geradezu verkommenen Eindruck machte, dass ich ihn bald wieder verliess, um mich an den Lehrer Lagôa Santas, Prof. Portelo, zu wenden.

Bei Lagôa Santa cultivirt man besonders Bohnen, Mais, Ricinus und Baumwolle; auch etwas Zuckerrohr sah ich angepflanzt. Die Felder werden im Waldgebiet, von dem noch die Rede sein wird, angelegt. Hat man dem Boden einige Ernten abgewonnen, so lässt man ihn liegen. Er bedeckt sich im Laufe einiger Zeit wieder mit Wald und kann abermals für Culturzwecke vorbereitet werden.

Ganz in der Nähe des Dorfes wächst auch Solanum grandiflorum, eine Pflanze, die mich als baumartige Solanacee und wegen ihrer kopfgrossen Früchte interessirte.

In Lagôa Santa hat der dänische Naturforscher Lund lange Jahre gelebt. Er ist hier auch gestorben; sein Grab liegt weit ab vom Dorf mitten im Campo. Der etwa 10jährige Sohn meines freundlichen Wirthes führte mich zur Ruhestätte des Gelehrten. Wir gingen ziemlich lange über die baumlose, sonnendurchglühte Ebene, bevor wir das von einem Holzgitter umgebene Grab erreichten. Mein junger Begleiter öffnete die Thür des Gitters erst, nachdem er mich gefragt hatte, ob ich auch getauft wäre. Lund muss in Lagôa Santa hoch geachtet gewesen sein; die

Bewohner des Dorfes reden heute noch, obgleich er lange todt ist, mit grosser Verehrung von ihm. Die stille, von Gebüschen umgebene Grabstätte scheint mir gut gewählt zu sein, um einem Naturforscher die letzte Ruhe zu bieten.

Die Vegetation der Campos zeigt mancherlei Anpassungen an die wenigstens zeitweilige Trockenheit des Bodens sowie der Luft. Hier kommt namentlich die Behaarung der Blätter in Betracht, und ferner auch die Erscheinung, dass einige Bäume, wie Warming hervorhebt, in den sehr regenarmen Monaten sogar ihr Laub völlig abwerfen. Die schon erwähnte starke Korkentwickelung mancher Bäume hat wohl hauptsächlich den Zweck, einer zu lebhaften Erwarmung der Äste und Stämme durch die Sonnenstrahlen vorzubeugen.

Übrigens ist die Savanenregion der brasilianischen Campos doch bei weitem nicht so trocken, wie die früher geschilderte Caatinga in Bahia, und daher sind in der ersteren auch die meisten Büsche sowie Bäume immergrün.

Der aus immergrünen Bäumen (zumal Papilionaceen, Myrtaceen, Rubiaceen, Artocarpeen, Euphorbiaceen) zusammengesetzte Wald, der freilich recht üppig ist, aber doch nicht entfernt die Kraft und Grossartigkeit des Küstenwaldes erreicht, findet sich bei Lagôa Santa am Ufer der Wasserläufe sowie dort entwickelt, wo sich in Folge von Bodensenkungen Feuchtigkeit ansammeln kann. Diese in den Campos inselartig auftretenden Waldbestände sind reich an Unterholz (nach Warming in erster Linie Rubiaceen- und Melastomaceenbuschen). Ebenso findet man in ihnen viele Lianen. Von Epiphyten fielen mir Orchideen mit grossen, herrlich duftenden Bluthen auf.

Von Lagôa Santa nach Vespasiano zuruckgekehrt, reiste ich uber Sabara wieder nach Lafajette, dann am zweiten Tage in 12 Stunden nach Barra do Pirahy, welches an der von Rio de Janeiro nach S. Paulo führenden Bahn liegt, und am dritten Tag nach S. Paulo.

Die Bahn folgt von Barra do Pirahy eine Zeit lang dem Parahyba und durchschneidet das Hochland des Staates Rio de Janeiro. Rechts werden die im blauen Duft schimmernden Bergketten der Serra da Mantiqueira, denen man sich immer mehr nähert, sichtbar. Man erblickt auch weiterhin den ca. 3000 m hohen Itatiaya, den höchsten Berg Brasiliens. In Cachoeira ist Wagenwechsel. Es beginnt die schmalspurige Strecke. In schlechten, niedrigen Wagen fährt man weiter durch Campos, Wald und vorbei an mancher grossen Kaffeeplantage. Gegen Abend, als wir im Thal eines Nebenflusses des Paranà reisten, der also schon dem Laplatagebiet angehört, erstrahlte der bewölkte Himmel im Schein der untergehenden Sonne wunderbar herrlich in violetten Farbentönen. Nach Einbruch der Dunkelheit erreichten wir endlich das etwa 800 m über dem Meeresspiegel gelegene S. Paulo.

Der Staat S. Paulo zählt gegen 2 Millionen Einwohner, darunter auch viele Deutsche und Italiener. Die Bevölkerung zeichnet sich vor derjenigen anderer Staaten Brasiliens, wie allgemein anerkannt wird, durch Thatkraft sowie Unternehmungsgeist aus. Das Klima im Hochlande ist gesund und nicht übermässig heiss (mittlere Jahrestemperatur z. B. in der Stadt S. Paulo 19^0 C.); in den niedrig gelegenen Küstenstrichen, zumal in der Hafenstadt Santos, wüthet dagegen das gelbe Fieber oft schlimm. Von der grössten Bedeutung für den Staat ist die Kaffeecultur, welche in neuerer Zeit einen mächtigen Aufschwung erfuhr, und viel zur Entwickelung des ziemlich ausgedehnten Eisenbahnnetzes des Landes beigetragen hat.

Die Stadt S. Paulo, wenig südlich vom Wendekreis des Steinbocks gelegen, zählt heute wohl bereits 140000 Einwohner. In der Stadt herrscht ein sehr reges Leben. Überall wird gebaut und fleissig gearbeitet; ganz anders, wie in anderen Orten Brasiliens, die ich kennen lernte, rühren sich hier alle Hände zu nutzbringender Thätigkeit. Staat und

Stadt S. Paulo scheinen in Brasilien wirklich an der Spitze der Civilisation zu marschiren.

In S. Paulo fehlte es mir nicht an verschiedenen für mich sehr werthvollen Beziehungen und Empfehlungen. Zunächst besuchte ich Herrn Nothmann, einen Deutschen, der, wie ich alsbald erfuhr, seines Unternehmungsgeistes wegen in hohem Ansehen steht. Unter der liebenswürdigen Führung dieses Herrn lernte ich die Stadt kennen. Wir fuhren lange in den Strassen umher, sowohl in den älteren, wie auch in denjenigen, welche im Entstehen begriffen sind, und in denen sich zum Theil bereits stattliche Häuser wohlhabender Kaufleute, Fabrikanten oder Fazendeiros erheben. S. Paulo, in dem auch das deutsche Element eine erhebliche Rolle spielt, ist in rapider Entwickelung begriffen. Mein Begleiter hatte selbst vor längeren Jahren ein weites Terrain angekauft; es bereitete ihm offenbar viel Befriedigung, mir zu zeigen, wie dasselbe jetzt zur Anlage eines neuen Stadttheiles Verwendung findet. Recht interessant war der Besuch eines Kirchhofes. Abgesehen von vielen schönen Grabdenkmälern fesselte hier besonders eine merkwürdige Einrichtung meine Aufmerksamkeit, die ich allerdings auch schon in Bahia kennen gelernt hatte. Wohlhabende Leute lassen die Särge, in denen ihre Todten ruhen, nämlich nicht direct in die Familiengrüfte bringen, sondern dieselben gelangen zunächst in Nischen, welche in grosser Zahl und reihenweise über einander in der mächtigen den Kirchhof umgebenden Mauer angebracht sind. Die Nischen werden dann vermauert; erst nach Verlauf mehrerer Jahre findet die Beisetzung der Knochenreste in der Familiengruft statt. Über Ursprung sowie Sinn dieser sonderbaren Sitte habe ich trotz mehrfacher Erkundigung nichts erfahren können. Minder begüterte Leute lassen ihre Dahingeschiedenen übrigens sogleich in ein Grab versenken. Stirbt ein Kind unter 10 Jahren, so ist die Trauer zumal bei den Negern nicht gross. Man sagt: „Es wird ja ein Engel“. In Bahia, wo ich der Beerdigung eines Negerkindes beiwohnte, trugen die dem Sarge folgenden Frauen weisse Kleider und waren anscheinend ganz vergnügt.

Wir besahen ferner noch die Essig-, Liqueur- und Kunstweinfabrik des Herrn Rosenhein, die sich durch peinliche Sauberkeit des ganzen Betriebes auszeichnet. Der Kunstwein, aus einer Mischung von Wasser, Zucker, verschiedenen Zusätzen, z. B. Zimmt, durch Gährung etc. hergestellt, wird besonders nach dem Innern verkauft und stellt, mit Wasser vermischt, in der That ein recht angenehm kühlendes Getränk dar.

Recht lehrreich war ein Ausflug, den ich gemeinsam mit dem Botaniker der Commissão geologico, Herrn Edwall, in die der Serra do Mar zugehörenden Berge bei Santos unternahm. Die Bahn S. Paulo-Santos wurde von einer englischen Gesellschaft erbaut. Sie zeichnet sich durch vorzügliche Construction aus, aber ist heute nicht mehr im Stande, den enorm angewachsenen Verkehr zu bewältigen, so dass neue Linien zwischen der Küste und dem Innern im Entstehen begriffen sind. Von S. Paulo erreicht man Santos in dreistündiger Fahrt. Zunächst durchschneidet man eine Stunde lang die Campos limpos des Hochlandes, auf deren zum Theil sumpfigem Boden Gebüsch und Bäume fast völlig fehlen.

Hier wachsen Gräser, Carex-, Rhynchosporaarten, Eriocaulaceen, Xyridaceen und grosse Mengen des gelb blühenden Senecio brasiliensis. Schnell nähert sich der Zug dem Gebirge. Von Alto da serra bis Raiz da serra werden die Wagen auf sehr geneigter Ebene an dicken Drahtseilen hinabbefördert. Die Berge sind herrlich bewaldet. Mancher prächtige Blick in die Ferne oder in tiefeingeschnittene, im üppigsten Grün prangende Schluchten bietet sich dem Auge. Dem Stationsgebäude von Raiz da serra gegenüber sieht man einen Wasserfall, dessen weisses Schaumband sich scharf vom grünen Waldeshintergrund abhebt. Wir fuhren nicht weiter nach dem mit der Bahn in kaum einer Stunde zu erreichenden Santos, sondern wanderten von Raiz da serra aus, trotzdem es leider zu regnen begann, in die Berge. Zunächst suchten wir unseren Weg durch eine verlassene Bananenpflanzung. Das war allerdings sehr mühsam, denn die üppige Vegetation der noch vorhandenen Musapflanzen, von Heliconien, Cecropien, Piperaceen, Myrtaceen, Solaneen etc. bildete ein schwierig zu passirendes Dickicht. Auf Felsblöcken wuchsen Begonien in ziemlich grosser Zahl, und epiphytische Rhipsalideen sowie Lycopodien gab es in Menge. Der Wald, den wir allmählich erreichten, ist ziemlich reich an Unterholz (Myrtaceen, Melastomaceen, Piperaceen, Farne); seine Baumvegetation wird von Leguminosen mit Bretterwurzeln, Lauraceen, Bignoniaceen, Myrtaceen, Melastomaceen, Palmen etc. gebildet.

Die Bäume, welche bei Santos oder an anderen Orten in der Serra do Mar vorkommen, kann man sehr gut im Passeio publico zu S. Paulo kennen lernen. Hier gedeihen z. B. prächtige gelb blühende Schizolobien (Gruppe der Leguminosen), Bignonien mit rosa und Tibouchina (Familie der Melastomaceen) mit rothen sowie weissen Blüthen. Besonders fallen im Garten sonst noch auf hohe Exemplare von Araucaria brasiliensis, deren Äste mit Büscheln breiter Nadeln enden, grosse Casuarinenbäume sowie herrliche Gruppen von Bambus.

Eine Stunde entfernt von S. Paulo, mitten im buschlosen Campo, erhebt sich, wahrlich überraschend genug für den Fremden, der Prachtbau des Ipirangapalastes, welcher zur Erinnerung an die an dieser Stelle im Jahre 1822 erfolgte Unabhängigkeitserklärung Brasiliens errichtet worden ist. In den hohen, weiten Räumen des Gebäudes hat man jetzt ein zoologisches Museum untergebracht. Dasselbe, unter Leitung eines Deutschen, des Dr. von Ihering, stehend, ist vortrefflich geordnet und bietet ein sehr vollständiges Bild der brasilianischen Fauna.

Nach mehrtägigem Aufenthalt in S. Paulo reiste ich nach Campinas. Man erreicht diese Stadt von ca. 24000 Einwohnern in dreistündiger Eisenbahnfahrt. Der Ort mit seinen gut gepflasterten Strassen sowie mancher hübschen Anlage, macht einen sehr freundlichen Eindruck. Bald nach meiner Ankunft ging ich in das Instituto agronomico. Dasselbe wird von einem Deutschen, dem verdienstvollen Dr. Dafert, geleitet.

Das Institut unterhält der Staat S. Paulo. In richtiger Würdigung der hohen Bedeutung der Station, welche die Aufgabe hat, die wissenschaftlichen Grundlagen für eine rationelle Cultur der Kaffeepflanze sowie anderer Gewächse aufzufinden, werden derselben in liberaler Weise die erforderlichen Geldmittel zur Verfügung gestellt. Das Institut mit seinen Laboratorien, Gärten und Versuchsfeldern ist ganz grossartig angelegt; es entspricht durchaus den Anforderungen unserer Zeit. Dem Director stehen mehrere wissenschaftlich gebildete Assistenten, ein Chemiker, ein Botaniker, ein Zoolog, ein Landwirth, zur Seite.

In allererster Linie wird jetzt die Frage nach der Düngung der Kaffeepflanze studirt. Bisher hat man auf den Fazenden dieser Düngung kaum Aufmerksamkeit zugewandt, oder dem Boden höchstens die Kaffeeschalen sowie anderweitige Abfälle zugeführt. Die Folge war, dass der Ertrag der Bäume nach etwa 30jähriger Cultur derselben auf einem bestimmten Terrain erheblich nachliess. Durch Zufuhr künstlichen Düngers zum Boden kann man nun, wie erfahrungsgemäss feststeht, die Ernten nicht nur wesentlich steigern, sondern die Zeit der Tragfähigkeit der Pflanzen zugleich bedeutend verlängern. Ich war in der That ganz überrascht über den gewaltigen Unterschied, den Kaffeeculturen zeigten, die man nach Wagners Methode einmal in ungedüngtem, andererseits in einem an Nährstoffen bereicherten Boden ausgeführt hatte. Hier im Institut bietet sich den Fazendeiros Gelegenheit, sich unmittelbar von der

Wirksamkeit der Mineralstoffzufuhr zum Boden zu überzeugen. Sie sind in der Lage, alle Mittel kennen zu lernen, die für die Förderung ihres Betriebes, der naturgemäss allmählich intensiver gestaltet werden muss, nothwendig erscheinen.

Auch der Weinrebencultur wendet Dr. Dafert jetzt viel Aufmerksamkeit zu; nicht minder der Frage, welche Futterpflanzen unter den im Staat S. Paulo gegebenen Bedingungen besonders anbauwürdig sind. Namentlich werden Culturen mit Tricholoaena rosea durchgeführt, einem Gras, welches schön gestaltete, rosafarbene Blüthenstände trägt.

Viel Interesse bietet der Besuch der grossen Kaffeefazenda Genebra bei Campinas. Wir fuhren zunächst durch baumlosen Campo, auf dem besonders Senecio brasiliensis und Aristida palens wachsen. Dann führte der Weg durch Urwald bis wir die Kaffeepflanzungen erreichten. Dieselben, aus vielen Tausenden, etwa 15 Fuss hohen Bäume bestehend, welche auch in ihrem unteren Theil reich verzweigt sind und ihre Wurzeln in rother, lehmiger Erde entwickeln, dehnen sich über weite Strecken Landes aus. Die Plantage wird von schnurgeraden, sich rechtwinkelig schneidenden Wegen durchzogen, auf denen man stundenlang zwischen den dunkellaubigen, dicht stehenden Kaffeepflanzen umherwandern kann. Schliesslich gelangten wir zu weiten, dem Anbau von Mais, Bohnen etc. dienenden Feldern. In dem Mittelpunkte derselben befindet sich der Hof der Fazenda mit seinem schönen Herrnhaus, den Wohnungen der italienischen und schwarzen „Kolonisten“, den sehr grossen mit Ziegeln gepflasterten, freien Tennen, die zum Trocknen der Kaffeefrüchte dienen, sowie den Wirthschaftsgebäuden, in welchen durch Dampfkraft in Bewegung gesetzte Maschinen die Isolirung der Bohnen aus den Früchten, die Reinigung und die Sortirung der letzteren besorgen.

In Campinas und Umgegend fiel mir die tiefe Bläue der Luft auf, welche derjenigen des südeuropäischen Himmels gleicht, während eine solche tiefe Bläue in typisch tropischen Gegenden, z. B. in Bahia oder unter dem Äquator, nicht zu beobachten ist.

Von Campinas ging ich über S. Paulo nach Rio zurück und trat alsbald mit Herrn Ule eine neue Reise an, um die Urwälder im Norden des Staates Rio de Janeiro und im südlichen Espirito Santo kennen zu lernen. Diese Tour war uns dringend von einem Herrn empfohlen worden, der als Orchideensammler einer bedeutenden englischen Gärtnerei in Rio lebt. Er sendet von hier aus eine Anzahl Reisende in das Land, um Orchideen aufsuchen zu lassen und sagte uns, dass seltene Formen in England unter Umständen pro Stück mit 2—3000 Mark bezahlt würden.

Wir fuhren mit Schiff über die Bucht nach S. Anna, dann weiter gen Nordost mit der Bahn. Der Zug passirt zunächst Mangrovelandschaft, in der besonders Avicennia und Laguncularia gedeihen, etwas Restinga und durchschneidet weiterhin ein sumpfiges, bewaldetes Terrain. In den Wassertümpeln wachsen Salvinien in grosser Menge; im Sumpf sieht man Typhaarten, die Onogracee Jussiaea und viele Cordiaexemplare, eine baumartige Asperifoliacee mit weissen Blüthen. Die Gegend wird allmählich bergig. Die Bäume, welche in dichten, üppigen Beständen die Abhänge schmücken, sind mit Epiphyten, zumal Bromeliaceen, überladen. Hier erheben sich gelb blühende Leguminosen, dort gewaltige Lecythisstämme, die im Schmuck junger, roth gefärbter Blätter sowie rosafarbener Blüthen prangen. In dieser südlichen Tropenregion kann man wirklich von einem Frühling reden, der die Natur durch seine gesteigerte Wärme ihrer höchsten Kraftentfaltung zuführt.

Nach etwa vierstündiger Fahrt erreicht der Zug die Frühstücksstation Macahé. In unmittelbarer Nähe dieses Ortes erblickt man plötzlich die blauen Fluthen des Meeres, während die Reise schon kurz vor Macahé durch Restinga ging, die auch lange Zeit nach der Station nicht von der

Bahn verlassen wird. Der ebene Boden der Restinga besteht hier, ebenso wie es in der entsprechenden Formation bei Rio der Fall ist, aus fast reinem Sand. Die Buschvegetation ist sehr dicht und besonders ausgezeichnet durch das Vorkommen von Ericaceen sowie Maregraviaceen.

Gegen Mittag gelangten wir in eine busch- und baumlose, sumpfige Gegend, in der Zuckerrohr gebaut wird und ausgedehnte Weideflächen vorhanden sind. An einigen Stellen wuchsen ungeheure Mengen blühender Exemplare der herrlichen Pontederiacee Eichhornia crassipes dicht gedrängt bei einander, so dass es aus der Ferne den Anschein hatte, als wären grosse, violettblau gefärbte Tücher auf das frische Grün, das den Boden schmückte, hingebreitet. Wir erreichten endlich Campos, eine Stadt von 24000 Einwohnern, hart am rechten Ufer des hier sehr breiten und schiffbaren Parahybaflusses gelegen. Das Hôtel Gaspar, in welchem wir abstiegen, liegt in unmittelbarer Nähe eines öffentlichen Gartens, in dem schöne Oreodoxaexemplare cultivirt werden. Die Strassen der Stadt, meist gut gepflastert, sind zum Theil mit Caesalpinien bepflanzt, in deren schirmartigen Kronen grosse, rothe Blüthen prangten. Besonders anziehend ist eine Wanderung am Strom. Eine 250 m lange Brücke verbindet die Ufer desselben mit einander. Die breite Wasserfläche, hoch ragende Palmen und der weite Blick in die Ferne, gewähren dem Bilde etwas sehr reizvolles. In Campos genoss ich das zweifelhafte Vergnügen, einem auf der Strasse stattfindenden Hahnenkampf beizuwohnen. Die Besitzer der Thiere bringen dieselben zusammen, und sofort gehen die Hähne auf einander los. Der eine der Vögel zeichnete sich dabei durch grossen Muth aus, während der andere, mehr klug und besonnen, erst jede geeignete Gelegenheit abwartete, um seinen unvorsichtigen Gegner durch einen Stoss zu verwunden. Als die Thiere ganz ermattet waren, wurden sie wieder in ihre Ställe zurückgetragen.

Am nächsten Morgen fuhren wir mit der Bahn, deren Stationsgebäude am linken Parahybaufer liegt, weiter gen Norden der Grenze des Staates Espirito Santo zu. In Murundu überschlugen wir einen Zug, um von diesem kleinen Orte aus eine Excursion zu unternehmen. Wir gingen auf dem Bahnkörper, da sich uns kein anderer einigermassen guter Weg zeigte, weiter. Man hat viele primitiv erbaute, geländerlose Brücken zu passiren, was nicht sehr angenehm ist, weil die zu beschreitenden, die Schienen tragenden Querbalken oft weit von einander entfernt liegen, und ein Fehltritt den Absturz in das tiefe Bett eines Baches zur Folge haben kann. Rechts und links vom Bahnkörper dehnt sich eine zum Theil undurchdringliche, von niedrigen Bäumen und Büschen gebildete Capoeiravegetation aus, die entsteht, wenn Ländereien, welche einmal zu Culturzwecken Verwendung gefunden haben, sich selbst überlassen bleiben. Hier gedeihen Dalechampia, eine merkwürdige Euphorbiacee, grossblumige Solaneensträucher mit Stachelbildungen auf der Blattspreite, Malpighiaceen, die milchsaftreiche, grosse rothe Blüthen tragende Asclepias curasavica, Aristolochien mit fast einen Fuss langen Blüthen, die in Brasilien so häufige Thunbergia alata, welche leicht an ihren trubgelben Blüthen erkannt werden kann, und viele weitere Gewächse. Unter den Wasserpflanzen ist Pistia häufig.

Gegen Abend brachte uns die Bahn von Murundu nach S. Eduardo. In diesem kleinen Dorfe quartirten wir uns für einige Tage ein, und hatten die Freude, auch Herrn Legationssecretair Dr. v. Erckert bald begrüssen zu können, der uns, einer Verabredung gemäss, nachgereist war. Unser Zimmer bot einen wenig angenehmen Aufenthalt; die Kost war zum Theil ungeniessbar. Die Temperatur schwankte in dieser nicht hoch über dem Meeresspiegel gelegenen Gegend nur wenig. Sie betrug am Tage meist über 30° C. Gegen Abend entluden sich täglich heftige Gewitter, wodurch die Schwüle der sehr feuchten Luft vorübergehend etwas gemildert wurde.

Bei unserer Abfahrt von S. Anna hatte Herr Ule eine grosse Zinkblechkiste, die wir zur Conservirung des gesammelten Pflanzenmaterials benutzen wollten, bei der Gepäckexpedition aufgegeben und auch einen ordnungsgemäss ausgestellten Gepäckschein erhalten. Als wir die Kiste in S. Eduardo verlangten, stellte sich heraus, dass sie fehlte. Wir telegraphirten mehrfach; erhielten auch Antwort, aber die Kiste blieb aus. Auf der Rückreise fanden wir sie unversehrt im Bahnhof zu S. Anna. Sie war einfach nicht expedirt worden. Selbst die Depeschen veranlassten die indolenten Beamten nicht, ihre Pflicht zu thun.

Ganz in der Nähe unseres Wirthshauses, noch im Dorf selbst, erhob sich ein gewaltiges Ficusexemplar, mit ungemein ausgedehnter, weithin Schatten spendender Krone. Dicht bei diesem Riesenbaum fanden wir eine hohe Pereskia mit grossen rosafarbenen Blüthen, eine Cactacee, die sich durch den Besitz wirklicher Laubblätter auszeichnet. In geringer Entfernung vom Dorf dehnt sich überall der Urwald auf nicht bergigem Terrain aus. Derselbe ist hier und ebenso bei dem später von uns besuchten Mimoso ganz grossartig entwickelt. Die Stämme der Bäume besitzen zum Theil ungeheure Dimensionen. Ihre Kronen sind in Folge des hohen Feuchtigkeitsgehaltes der Luft mit Epiphyten vielfach überladen. Am Waldrande bilden zahlreiche Gewächse, besonders Mimosen, Melastomaceen, Piperaceen, Urticaceen, undurchdringliche Dickichte, während den tief beschatteten Waldboden selbst zerstreut stehende Heliconien, Marantaarten, Caladien, Begonien schmücken. Von S. Eduardo aus führen verschiedene Wege direct in den Urwald. Wo dieselben breiter sind und reichliches Licht zwischen die Bäume eindringen kann, da werden die unteren Theile der Stämme völlig von einer undurchdringlichen grünen Wand üppigster Vegetation verhüllt. Von schmalen, schattigen Pfaden aus kann man hingegen hier und da mit einiger Mühe in den Urwald selbst eintreten. An den Wegerändern sahen wir

Cecropien von 12 ja 20 Meter Höhe; einmal auch eine hohe Opuntie mit saftigen Früchten, deren Fleisch nach Entfernung der stacheligen, dasselbe umgebenden Haut köstlich mundete. Besonders zierlich erscheint das Laub der Mimoseensträucher, deren zarte Blättchen sich da, wo sie von den Sonnenstrahlen getroffen werden, zusammenlegen, während sie im Schatten ausgebreitet sind.

Unter den Bäumen des Urwaldes fielen uns namentlich riesige Ficusexemplare mit gewaltigen Bretterwurzeln, Bombaceen, Lecythis, andere Myrtaceen mit glatten Stämmen, die an ihrer Basis von losgelösten und herabgesunkenen Rindenmassen umgeben waren, Euphorbiaceen, deren Stammoberfläche an vielen Stellen Dornenbüschel trug, und welche in Folge von Verletzungen Ströme weißen Milchsaftes austreten ließen, auf. Im Schatten dieser Bäume gediehen viele Palmen, namentlich Euterpe- sowie Astrocaryumarten. Die letzteren besitzen nur einige Meter hohe Stämme, welche, ebenso wie die Blattrippen, zahlreiche Stachelbildungen tragen. Interessant ist auch der Anblick mächtiger Baumleichen, denen man im Walde begegnet. Dieselben stehen zum Theil noch aufrecht, in ihren oberen Theilen reich mit Epiphyten geschmückt, oder der Sturm hat die Baumriesen zu Boden gestreckt. Das modernde Holz wird bald morsch, bis es endlich völlig in seine Elemente zerfällt, die dann neuem, frischem Leben das Dasein geben.

Von S. Eduardo setzen wir die Reise bis Mimoso fort. Die Bahn überschreitet den Itabapoana, berührt den am Ufer dieses Flusses gelegenen Ort gleichen Namens und tritt damit in den Staat Espirito-Santo ein. In seinem südlichen Theil ist derselbe gebirgig, im Norden dehnen sich aber weite, sumpfige Gebiete aus. Die Hauptstadt von Espirito-Santo heißt Victoria. Die Fahrt geht immer durch schönen Urwald, zum Theil am Ufer des Rio Mucuy do Sul hin, einem Nebenflusse des Itabapoana. Nach einigen Stunden, als es schon völlig dunkel geworden war, erreichten wir Mimoso. Dieses kleine, nur aus wenigen Häusern bestehende Dorf liegt etwa 15 Minuten entfernt von dem Stationsgebäude. Der Weg in den Ort, den wir in der Nacht ohne Führer schwerlich gefunden haben würden, war unglaublich schlecht. Köstlich erschien dagegen der Anblick unzähliger Leuchtkäfer, welche sich in der warmen, feuchten Luft bewegten und überall als Lichtpunkte in der Finsterniß erstrahlten.

Im Gasthaus zu Mimoso fanden wir freundliche Aufnahme. Dasselbe gehört einem Neger. Unser Obermohr, wie wir den Wirth nannten, besorgte alle Geschäfte, unterstützt von noch einigen anderen Schwarzen, mit grosser Wichtigkeit. Wenn es zu Tisch ging, legte er blendend weisse Manschetten sowie einen schwarzen Rock an. Mit viel Würde nahm er dann seinen Platz an der Tafel ein, füllte die ganz gut zubereiteten Speisen auf unsere Teller und forderte uns auf, doch recht viel zu geniessen. Ganz in der Nähe des Hauses erhebt sich eine einzeln stehende, mächtige Myrtacee, auf der sich ein baumwiegender Ficus angesiedelt hat. Der von den Wurzeln des Epiphyten umstrickte Baum leidet schon augenfällig unter der Einwirkung seines Feindes. Vor unserer Thür breitete ein Exemplar von Terminalia Catappa seine Äste aus. Unter diesem schönen Etagenbaum haben wir oft gesessen, um, geschützt vor den heissen Strahlen der Sonne, die prächtigen Formen der recht hohen und bis zum Gipfel bewaldeten Berge bei Mimoso zu bewundern. Besonders schön erschien das Bild einmal gegen Abend. Wir waren von einer langen, sehr anstrengenden Excursion, die wir bei einer Temperatur von 32—35° C. im Schatten unternommen hatten, heimgekehrt und genossen nun die Ruhe. In der drückend schwülen Luft bildeten sich hier und da einige Wölkchen. Nebelstreifen, die bald wieder verschwanden und neu entstanden, hingen an den waldigen Bergen. Bei der rings umher herrschenden tiefen Stille vernahm man deutlich das Rauschen der in einer vom Rio Mucuy gebildeten Stromschnelle zwischen Felsen dahinfliessenden Gewässer. Allmählich ballten sich die Wolken über dem Gebirge zu dichten Massen zusammen. So drohend und finster, wie ich es kaum jemals gesehen hatte, thürmten sie sich am Himmel auf. Sie entsandten zunächt einzelne Blitze; die Zahl derselben wuchs aber schnell, und bald schien die Luft in Flammen zu stehen. Das Grollen des Donners wurde stärker. Immer mehr näherte sich das Unwetter der Waldlichtung, in der, rings umgeben von Bergen, Mimoso liegt. Da plötzlich, ein leises Rauschen in den Kronen der Bäume, das aber bald wieder nachliess. Seinem Boten folgte indessen der Herr auf dem Fusse nach. Mit elementarer Gewalt brach der Sturm los. Die Blitze zuckten unaufhörlich, der Himmel glich einem Feuermeer, und das durch den herabströmenden Regen verursachte Getöse wurde durch krachende Donnerschläge übertäubt. Die Natur schien entfesselt zu sein; beim leuchtenden Flammenbogen des Blitzes uud den furchtbaren Stimmen seiner Begleiter entfaltet sie ihre ganze, wilde Majestät. Wir waren kaum in das Haus geflüchtet, als auch bereits Wasserströme in dasselbe einzudringen begannen, so dass die Thür, um wenigstens einigen Schutz zu gewinnen, fest verschlossen werden musste. Draussen tobte das Unwetter noch einige Zeit lang weiter. Als es völlig dunkel geworden war, liess das Gewitter nach. Wir traten in's Freie und athmeten mit Genuss die köstlich abgekühlte Luft, deren Temperatur jetzt 21,5° C. betrug.

Mimoso liegt, wie Herr von Erckert mit Hülfe des von ihm mitgebrachten Kochapparates feststellte, etwa 50 Meter hoch über dem Meeresspiegel. Die Gegend, in der wir uns befanden, soll nicht gesund sein; man hatte uns gesagt, dass Wechselfieber häufig in derselben vorkämen. Die Bahn erreicht bei Mimoso ihr Ende; sie wird später bis Victoria fortgeführt werden, um eine directe Linie zwischen dieser Stadt und Rio herzustellen. Heute besitzt

Mimoso gerade als Endstation eine gewisse Bedeutung, weil die durch Maulthiere herbeigeführten Producte des Landes hier verladen werden. Gegen Abend treffen oft grosse Züge der mulas ein. Die ermüdeten Thiere werden entlastet und im Vollgenuss ihrer Freiheit drängen sie sich nun schnaubend und stampfend um den Treiber, der ihnen Futter bietet. Auf unseren Touren begegneten wir auch mehrfach vielen Lastthieren, die sich in langer Reihe hintereinander fortbewegten. Wir mussten dann auf schmalen, an steilen Bergabhängen hinlaufenden Pfaden ausweichen und warten, bis die Züge passirt waren. Einmal sahen wir, wie ein ermattetes Thier in den Schlamm des Weges einsank und zusammenbrach. Häufig ist es dann nicht möglich, ein solches Thier wieder auf die Beine zu bringen; der Treiber erlöst dasselbe von seinen Leiden, indem er es ersticht.

Der Urwald bei Mimoso ist sehr üppig entwickelt. Im Thal des Rio Mucuy do Sul drängt sich der Wald bis hart an das Ufer des Flusses. Hinter einer grünen Wand der mannigfaltigsten Gewächse erheben sich die Stämme, deren Kronen zahllose Epiphyten tragen, und von deren Zweigen vielfach die langen, sackartig gestalteten, zumal aus Tillandsienfäden zusammengefügten Nester eines Vogels herabhängen. Im Flusse selbst kommen Aligatoren vor. Auch Landschildkröten sind in dieser Gegend nicht selten.

Mein besonderes Interesse erregten herrliche, in Blüthe stehende Exemplare von Lecythis. Wir fanden auch die kopfgrossen, dickwandigen, sich durch Loslösung eines Deckels öffnenden Früchte dieses Baumes am Boden liegen. Vielfach erblickt man ferner hoch klimmende Cissusarten sowie Loasaceen mit Brennhaaren. Dann nenne ich weiter als besonders merkwürdige Pflanze, die in den feuchten, moosreichen Waldgründen von Mimoso vorkommt, ein zur Familie der Balanophoraceen gehörendes Gewächs, das ich allerdings nur im nicht sehr guten Zustande sah. Wir haben es hier mit einem völlig chlorophyllfreien Parasiten zu thun. Es kann der Organismus daher die für seine Entwickelung erforderlichen organischen Stoffe nicht selbst aus anorganischer Substanz produciren, sondern er muss dieselbe als solche von aussen aufnehmen.

Wir besuchten natürlich auch die Stromschnelle, welche der Rio Mucuy do Sul, wie bereits erwähnt wurde, nicht weit von Mimoso bildet. Das Flussbett ist hier verhältnissmässig breit und ganz angefüllt mit mächtigen Felsblöcken, zwischen denen das Wasser schäumend dahinrauscht.

Mit einiger Vorsicht von einem Felsen zum anderen schreitend, kann man bis in die Mitte des Flusses gelangen. Über uns spannt sich der blaue Himmel aus; zu unseren Füssen tosen die Gewässer; die Ufer sind von dichtem Wald umrahmt. In solcher Einsamkeit, weit entfernt von den Stätten höherer Cultur, fühlt man sich befreit von allem Zwange der Civilisation, allein verbunden mit der Natur, deren Ursprünglichkeit das Denken und Empfinden des Menschen mit wundersamer Macht beeinflusst.

Mitten in der Stromschnelle des Rio Mucuy, wo das Wasser am lebhaftesten strömt, gedeihen auf untergetauchten Felsen merkwürdige Gewächse, nämlich Podostemaceen, Pflanzen, die zu den Dicotyledonen gehören, und sich durch die sehr vollkommene Anpassung ihrer Vegetationsorgane an den von ihnen gewählten Standort auszeichnen.

Die Podostemaceen besitzen mehr oder weniger lange, verzweigte Wurzeln, die man früher für Stengelbildungen gehalten hat. Diese den Steinen dicht angeschmiegten, auf denselben hinkriechenden Wurzeln sind mit Hülfe besonderer Haftorgane, z. B. mit Haaren, welche an ihrem Ende abgeplattet erscheinen, sehr sicher befestigt. Den Flanken der Wurzeln entsprossen beblätterte Zweige, deren Achsentheile aber nicht senkrecht nach aufwärts wachsen, sondern sich auch mehr oder minder den Felsen anlegen und durch Haare angeheftet werden. Die bald einfachen, bald fiedertheiligen Blatter der Podostemaceen haben bei den einzelnen Arten höchst verschiedene Gestalt sowie Grösse. Ich sah z. B. Formen mit kleinen, ungetheilten Blättern, deren Sprosse auffallend denjenigen von Laubmoosen ähnelten. Die Bluthen der hier erwähnten Pflanzen lassen weitgehende Reductionen erkennen.

Am 8. November brachen wir schon vor Sonnenaufgang von Mimoso auf, um die Rückreise nach Rio über Campos anzutreten. Als wir die Thur unseres Zimmers öffnen wollten, zeigte es sich, dass dies nicht ohne weiteres möglich war. Einer grossen Anzahl spat in der Nacht angekommener Neger war nämlich ein Vorraum zum Schlafen angewiesen worden, wo dieselben nun in Reihen auf dem Boden lagen. Wir weckten einige der schwarzen Gesellen, die uns den Ausgang versperrten, schritten dann behutsam über die Schläfer fort und verabschiedeten uns von unserem diensteifrigen Obermohren.

Am 15. November, dem Tage vor meiner Abreise von Rio, hatte ich am Meeresstrande bei Copacabana noch einige Beobachtungen zu machen, so dass ich leider vom Nationalfest, welches zur Erinnerung an die im Jahre 1889 erfolgte Begründung der Republik gefeiert wurde, wenig sah. Am Abend herrschte aber doch wenigstens auf der rua do Ouvidor noch ein reges Leben und Treiben. Die Damen an den Fenstern warfen noch immer Confettis (mit Papierschnitzeln angefüllte leichte Bälle) auf die Vorübergehenden hernieder, und fröhlich wogte die Menge in den zum Theil prächtig illuminirten Gassen auf und ab.

Dem Leser dürfte es durchaus natürlich erscheinen, wenn noch die Frage berührt wird, welchen Eindruck man beim Vergleich des Lebens des gebildeten Europäers in den brasilianischen Tropenländern auf der einen und in unserer gemässigten Zone auf der anderen Seite gewinnt.

Eine ganz bestimmte Antwort ist auf diese Frage nicht zu geben, sondern dieselbe muss je nach Umständen sehr verschiedenartig ausfallen. Wer in den Tropen einige Zeit reist, um die Natur oder die Menschen zu studiren, wird trotz der überstandenen Mühen und Strapazen keine Stunde der köstlichen Zeit missen mögen. Ich lernte auch manche Europäer in Brasilien kennen, die schon lange in dem merkwürdigen Lande lebten, und sich daselbst sehr wohl fühlten. Es waren das entweder recht bescheidene, anspruchslose Leute oder besonders kraftvoll angelegte Naturen. Diesen letzteren erschien mancher Zwang, dem man sich im Geschäfts- oder Privatleben in hoch cultivirten Ländern beugen muss, als schwere Bürde, und in der That darf sich das Individuum in Brasilien weit freier bewegen, als dies die bei uns gegebenen Verhältnisse zulassen. Wer eine gesicherte Existenz im fernen Süden gefunden hat, kann auch wohl zufrieden sein. Das Glück, welches eine erfolgreiche Berufsthätigkeit und das Familienleben dem Menschen bereiten, fehlt auch hier nicht. Aber dennoch muss auf vieles Verzicht geleistet werden, was wir in reichem Maasse geniessen. Wissenschaft und Kunst blühen in Brasilien nicht. Es fehlt überhaupt an intensiver geistiger Anregung, und all jene zahlreichen Mittel, welche uns in Europa leicht zu Gebote stehen, das Dasein angenehm zu gestalten, sind nur schwierig oder garnicht zu erlangen. Dazu kommt, dass das tropische Klima allmählich die physische und psychische Kraft des Fremden erheblich schwächt, wodurch eine gewisse Indolenz erzielt wird, die man an manchen Europäern, welche lange in Brasilien lebten, beobachten kann.

Was die Natur in den Tropen anbelangt, so ist dieselbe in vieler Beziehung unvergleichlich erhabener und grossartiger als die unserige. Eine Lichtfülle, eine Farbengluth, ein Formenreichthum sowie Grösse und Kraft der organischen Welt sind in der heissen Zone gegeben, die jeder Beschreibung spotten. Wer die stolzen Palmen, den wunderbaren Urwald, die entzückenden Gärten der Tropen gesehen und den Zauber einer Tropennacht genossen hat, wird stets mit stiller Sehnsucht der Tage gedenken, welche ihm diese Eindrücke brachten.

Aber auch der Natur in der gemässigten Zone sind Reize ganz besonderer Art eigenthümlich, deren Werth vielleicht gerade derjenige am höchsten zu schätzen vermag, der die Tropen kennt. Wie unvergleichlich schön ist der stille, im Schneegewande ruhende Wald! Wenn dann im Februar einige wärmere Tage kommen, zieht ein Frühlingshauch durch die Natur. Und später schmilzt der Schnee wirklich, es löst sich das Eis; leisen Schrittes oder unter brausendem Sturmwind hält der Lenz seinen Einzug in die Welt. Die Knospen werfen ihre braunen Hüllen ab; ein geheimnissvolles Weben entfaltet sich rings umher; neues Leben regt sich in der Natur; überall schmückt sich die Erde mit frischem Grün und mit Blüthen. Herrlich und in den Tropen nicht zu finden ist das Bild einer blüthenreichen Wiese. Köstlich der Anblick eines Buchenwaldes, auf dessen hochragenden, säulenartigen Stämmen das Laubdach des Waldesdomes ruht. Im Herbst prangt die Natur im Schmuck der Laub- und Fruchtfärbungen, die oft von überraschender Wirkung sind. Dieser stete Wechsel, der sich in der uns umgebenden Aussenwelt geltend macht, kann nicht verfehlen, eine belebende und erfrischende Wirkung auf den Menschen auszuüben.

VI. Heimreise.

Am 16. November nahm ich Abschied von Rio de Janeiro. Herr Ule begleitete mich an Bord der Cintra, musste aber bald wieder an Land gehen. Das Boot, welches ihn entführte, fesselte noch lange meine Aufmerksamkeit. Als es entschwunden war, wandte ich die Augen zu den wunderschönen Bergen, um deren unvergleichliche Formen zum letzten Mal auf mich wirken zu lassen.

Das Billet für die Rückfahrt hatte ich bereits in Hamburg bei der Ausreise erhalten. Es ist mir eine angenehme Pflicht, der Direction der Hamburg-Südamerikanischen-Dampfschifffahrts-Gesellschaft, zumal Herrn Carl Laeisz, verbindlichen Dank dafür auszusprechen, dass mir für die Passage eine erhebliche Preisermässigung gewährt wurde.

Mit unserem in treuer Pflichterfüllung ergrauten Capitän Saiuberlich, den Officieren und dem kenntnissreichen Schiffsarzt Dr. Schwörer waren bald freundliche Beziehungen angeknüpft. Passagiere der Cajüte befanden sich ausser mir nur noch zwei an Bord, eine Dame und ein Herr aus S. Paulo, ein vortrefflicher Mann, der es durch Energie und Fleiss zu bedeutendem Wohlstande gebracht hatte. Unter den Zwischendeckpassagieren fielen zwei Geisteskranke auf, ein Portugiese, welcher oft lange Volksreden hielt, sowie ein Lehrer aus S. Paulo, dessen trauriges Dasein uns alle oft mit tiefem Bedauern erfüllte. Das Schiff war mit ca. 30,000 Sack Caffee befrachtet.

Um 2 Uhr verliessen wir den Hafen von Rio. Um 8 Uhr passirte die Cintra Capo frio. Die Abende und Nächte waren wieder köstlich. Das Sternbild des Orion funkelte auf uns hernieder, und der Syrius erstrahlte im schönsten Glanze. Sein Licht ist so hell, dass man bei einiger Dunkelheit einen deutlichen Reflex desselben in Form eines schmalen Silberbandes auf der Meeresfluth erblickt. Dann die Kapwolken oder Magellanischen Wolken, zwei Sternenhaufen, die am südlichen Himmel gleich zarten, lichtspendenden Nebeln erscheinen. Auch an herrlichen Mondbeleuchtungen erfreute ich mich wie bei der Ausreise mehrfach. Einmal, kurz vor Lissabon, war die Scheibe des Vollmondes vom Schiff aus lange nicht zu sehen, da Wolken sie verhüllten. Die weite Fläche des Oceans ruhte im Dunkel; nur am Horizont blitzte ein breiter, langgezogener, silberglänzender Lichtstreif als Grenzlinie zwischen Wasser und Himmel.

Nach kurzem Aufenthalt in Bahia setzte die Cintra die Reise am 21. November fort. Wir fuhren an diesem Tage lange ziemlich nahe am hier sandigen Strande Brasiliens hin. Zum letzten Mal sah ich die Küste des Landes, dessen Besuch meine Anschauungen nach den verschiedensten Richtungen hin so sehr erweitert hatte. Der Abschied wurde mir schwer. Wir erblickten Haifische, Meerschildkröten und verfolgten einige Zeit eine Jangada, ein aus Stämmen hergerichtetes, flaches, Segel tragendes Fahrzeug, mit dem sich die Fischer der Küste weit hinaus auf den Ocean wagen. Dann befanden wir uns bald auf hoher See.

Das Wetter war im Allgemeinen schön. Einige Male brausten heftige Gewitter über uns dahin. Das Meer gerieth in wilde Bewegung; schaumgekrönte Wogen hoben und senkten das Schiff; in den Lüften heulte der Sturm, der Tropenregen strömte hernieder. Aber alles Getöse der entfesselten Elemente übertönten starke Donnerschläge, die strahlenden Blitzen folgten. Wenn das Meer in Nebel gehüllt war, erklang regelmässig nach je zwei Minuten der unheimliche Laut der Dampfpfeife. Indessen bald klärte sich der Himmel wieder auf; nur noch einzelne Wolken schwebten in der blauen Luft, und in vielfachem Wechsel änderten sie ihre sonderbaren Gestalten, oder sie lösten sich gänzlich auf, während an anderen Stellen neue entstanden.

Am 24. November um 3 Uhr passirte die Cintra den Äquator. Der Wind blies schwach aus Osten; trotzdem war doch bereits die Wirkung des Nordostpassates der nördlichen Hemisphäre zu spüren, denn von Nordosten her rollte uns die Dünung in Gestalt sehr langer, regelmässig einander folgender Wellen entgegen, die das Schiff in gleichförmigem Tacte bewegten. Erst am 27. November unter 13° n. Br. setzte der Nordostpassat ein. Die hochschwebenden, zarten Cirruswolken zogen aber nicht nach Südwest, sondern, getrieben von dem sich in den oberen Luftschichten geltend machenden Südwestpassat, gen Nordost. Den 28. November verriethen bereits am Morgen Seevögel die Nähe des Landes, und alsbald tauchten auch die den Portugiesen gehörenden Kapverdischen Inseln vor uns auf. Unser Schiff steuerte ganz nahe an der fast senkrecht aus dem Meer emporsteigenden, beinahe vegetationsfreien Felsenküste von S. Vicente hin, an deren braungelbem, vulkanischem Gestein die Brandung schäumte. In der Ferne erblickten wir S. Antonio, das durch einen 7 Seemeilen breiten Meeresarm von S. Vicente getrennt wird. Zwischen beiden Inseln erhebt sich ein von einem Leuchtthurm gekrönter, mächtiger Fels aus der Fluth. Vor Porto grande auf S. Vicente hielt das Schiff. Sogleich kamen kleine Fahrzeuge herbei, die Kohlen brachten. Sämmtliche Fenster und Luken an Bord waren zum Schutz gegen den feinen Kohlenstaub sorgsam verschlossen worden. Nun näherten sich auch Boote, in denen Neger, die nur ein Lendentuch trugen, und völlig nackte Knaben sassen. Sie boten Früchte sowie hübsche Vögel zum Verkaufe an. Wir warfen Geldstücke in's Wasser, welche die Knaben, indem sie tief tauchten, mit bewunderungswürdiger Geschicklichkeit zu erhaschen wussten.

Unvergesslich hat sich meiner Erinnerung das wunderschöne Bild eingeprägt, dem sich der Reisende von Porto grande vom Schiff aus gegenüber gestellt findet. Im Vordergrund die tief blaue Fluth der halbkreisförmigen Bucht und der kleine Hafenort. Etwas weiter landeinwärts erheben sich steil ansteigende, coulissenartig gruppirte Felsenberge, deren herrliche Formen und Linien um so klarer hervortreten, als sie fast vegetationsfrei sind. Unmittelbar nach unserer Abfahrt tauchte die hinter einem Felsen verborgen gewesene Sonne hervor. Auf dem Meer schien ein leicht bewegter Strom rothglühenden Metalls ausgegossen; die Wolken strahlten im Glanz des sinkenden Tagesgestirns. Nach kurzer Dämmerung ruhte bald tiefe Dunkelheit über dem Ocean.

Als wir am 30. November den Wendekreis des Krebses passirt hatten, wurde es merklich kühler. Auch der schon ziemlich hohe Stand des Polarsternes erinnerte daran, dass wir die Tropenregion verlassen hatten. Einen Tag später, früh um 10 Uhr, stieg der Pic von Tenerifa vor uns auf. Tenerifa, eine der kanarischen Inseln, die bekanntlich den Spaniern gehören, ist auf der Westseite von üppiger Vegetation bekleidet, und im südlichen Theile erhebt sich der gewaltige, 3811 Meter hohe Vulkan. Auf einem mächtigen, abgeplatteten Bergrücken ruht eine 1300 Meter hohe, zuckerhutförmige, vom November bis April schneebedeckte Pyramide. Gerade für den von Süden her kommenden Reisenden ist das Bild ein unvergleichlich erhabenes, zumal wenn der Gipfel blendend weiss im Sonnenglanz erstrahlt, und sich dadurch um so schärfer vom blauen Himmelshintergrunde sowie den tiefer liegenden, dunklen Felsenmassen abhebt. Bei prächtigem Wetter fuhr die Cintra den ganzen Tag so dicht an der felsigen, malerischen, aber vegetationsarmen Ostküste Tenerifas hin, dass wir Häuser, Menschen und hier und da einige Weinberge sehen konnten. Es dämmerte bereits, als wir Santa Cruz de Tenerifa, eine Stadt von 17,000 Einwohnern, erblickten. In der Ferne sahen wir auch noch die Inseln Gran-Canaria, Ferro und Gomera. Am 4. Dezember lag unser Schiff bei Lissabon vor Anker. Glücklicher Weise wurde keine längere Quarantäne angeordnet. Ich musste nur in einem kleinen Boot zu der am linken Tajoufer gelegenen Quarantänestation hinüberfahren, wo die Zollbeamten mein Gepäck durchsahen, nachdem dasselbe ausgeräuchert worden war. Dann ging es mit Boot nach Lissabon. Hier fand ich im Hôtel Central ein sehr gutes Unterkommen (Pensionspreis pro Tag 2.5 portug. Milreis = 9 Mark). Besonders werthvoll war mir in Lissabon die Bekanntschaft eines Franzosen, des Herrn Cayeux, Inspector des botanischen Gartens. Der Director dieses wunderschönen Gartens ist der Conde de Ficalho.

Wenn man die Avenida vom Bahnhof aus hinuntergeht und sich an ihrem Ende links hält, so kommt man alsbald zum Eingang in den botanischen Garten. Zunächst befindet man sich in einer Palmenallee, die von Phoenix dactylifera, Corypha australis sowie Latania-, Areca-, Cocos- und Chamaeropsarten gebildet wird. Freilich sind die Bäume nicht von so grossen Dimensionen wie in Brasilien, aber dennoch ist diese Allee ganz herrlich. Rechts und links von derselben dehnt sich das Terrain des Gartens, sanft ansteigend, aus. Gewundene Wege führen zwischen den Rasenplätzen sowie schön gruppirten Gebüschen hin, und prächtige Baumgruppen erheben sich hier und dort. Auch fehlt es nicht an kleinen Wasserläufen, an deren Rande mancherlei interessante Pflanzen cultivirt werden. Hat man die Palmenallee passirt, so steigt man eine breite Treppe empor und gelangt in den oberen Theil des Gartens. Derselbe ist ähnlich angelegt wie der untere Theil; von manchen Punkten aus hat man einen schönen Blick auf die ausgedehnte Stadt. Hier im oberen Theil des Gartens befinden sich auch das wohl geordnete System, d. h. eine nach Familien gruppirte Zusammenstellung der wichtigsten Gewächse, ferner ein grosses Bassin für die Cultur von Wasserpflanzen und die Gewächshäuser. Bei der Betrachtung des Systems fällt es auf, dass, was bei uns nicht der Fall ist, die Bäume mit in dasselbe aufgenommen worden sind. Sie stehen mitten auf den Rabatten zwischen den kleinen Pflanzen. Diese Anordnung ist aber in Anbetracht des heissen Sommers in Lissabon sehr zweckmässig, denn die Bäume gewähren Schatten und verhüten ein Verdorren vieler Gewächse. Dicht beim Polytechnicum, das an den botanischen Garten grenzt, sieht man eine Ficusallee, die aus ziemlich grossen Bäumen von Ficus elastica (Gummibaum) und anderen Species zusammengesetzt ist. Manche Exemplare entwickeln auch an ihren Zweigen senkrecht nach abwärts wachsende Wurzeln. Dieselben erreichen hier aber den Boden nicht, wie es in den Tropen der Fall ist, wo sie dann, indem sie sich mächtig verdicken, als Stützwurzeln dienen, sondern sie vertrocknen schon im jugendlichen Zustande. In dem in der Nähe des Polytechnicums gelegenen Stadttheil befindet sich ein grosser, öffentlicher Garten; Lissabon ist überhaupt reich an derartigen schönen, palmengeschmückten Anlagen.

Im botanischen Garten bietet sich reichliche Gelegenheit, viele merkwürdige Pflanzenformen kennen zu lernen. Hier werden zunächst die im Mittelmeergebiet heimischen sowie viele andere Bäume aus fernen Weltgegenden cultivirt, denen man auch sonst in Lissabon in Gärten oder Anlagen begegnet. Ich nenne besonders Cupressus sempervireus (Cypressen), Ceratonia Siliqua (Johannisbrotbaum), Cercis Siliquastrum (Judasbaum), ein Strauch oder Baum mit zerstreut angeordneten, handgrossen, einfachen Blättern, Arbutus Unedo, ein Baum mit einfachen Blättern und essbaren Früchten (Erdbeerbaum), Olea europaea (Ölbaum), Pistacia mit gefiederten, derben Blättern, Myrtus communis, Punica,

Fraxinus Ornus, Ficus Carica (Feigenbaum), Gleditschia triacantha, Ailanthus (Götterbaum) Erythrina, Catalpa, Ulmen, Platanen, Schinus molle, eine Anacardiacee, deren Zweige graciös herabhängen und gefiederte Blätter sowie kleine rothe Früchte tragen, und von der in Lissabon oft ganze Alleen gebildet werden, Castanea vesca, Quercus Suber, Eucalyptus, Casuarina equisetifolia, Acacien aus Ausstralien, deren spreitenlose Blätter einen abgeflachten, vertical gestellten Blattstiel ausbilden, Ligustrum lucidum, neben Schinus, Ulmus, Platanus und Cercis Siliquastrum einer der gewöhnlichsten Alleebäume in den Strassen Lissabons. Weiter führe ich hier von besonders interessanten oder schönen Gewächsen des botanischen Gartens folgende auf: Aloëarten mit rothen Blüthen, Mesembryanthemum mit grossen lilafarbigen Blumen und dreikantigen, fleischigen Blättern, die zusammen mit den Aloëarten eine herrliche Gruppe bilden, Euphorbia antiquorum, E. abesinica und E. canariensis, alle drei mit kantigen, hohen, laubblattlosen, fleischigen Stämmen, so dass die Pflanzen wie Cacteen aussehen, sich durch den Besitz von weissem Milchsaft, der beim Anschneiden hervorquillt, aber sofort von diesen unterscheiden lassen. Ferner Jacaranda mimosaefolia, Malva umbellata, ein Baum mit gelappten Blättern und grossen, rosafarbenen Blüthen, eine Hibiscusart, ein Strauch, der ungetheilte Blätter und carminrothe Blüthen trägt, viele hohe Cacteen, baumförmige Erythrinaarten mit rothen Blüthen, Cryptomeria japonica mit 1—2 Zoll langen, walzenförmigen, spitzen Nadeln, Yuccabäume aus Mexico, deren Krone von langen Blättern gebildet wird, Andirabäume (Familie der Papilionaceen) aus Brasilien, deren Stamm mit Dornen besetzt ist, schöne Exemplare von Aralia papyrifera, Sterculia diversifolia, deren Blätter an ein und derselben Pflanze ganz verschiedene Formen aufweisen, und Cydonia japonica, welche im December eben ihre Blätter abgeworfen hatte und schon wieder im vollen Blüthenschmuck dastand, während der Strauch in unseren Gärten erst im April blüht. Sehr reich und durch herrliche Exemplare ist die Gruppe der Cycadeen im Garten vertreten. In den Gewächshäusern sieht man schöne Pandaneen, Anthurien, Orchideen, besonders blühende Cypripedien sowie Vanda und Phalaenopsisspecies. Die Gewächshäuser brauchen in Lissabon nicht gar gross zu sein, denn zahllose Pflanzen, die unseren Winter nicht vertragen, halten an der portugiesischen Küste, wo es selten Frost oder Schnee giebt, im Freien aus.

Sehr lohnend ist auch im Winter ein Besuch des Villenortes Cintra, von dem bereits früher die Rede war. Der Boden im Schlossgarten prangte im Schmuck der blauen Blüthen von Vinca major. Wundervoll war jetzt der Anblick der ausgedehnten, mit hohen Camellien bepflanzten Abhänge, denn überall leuchteten die grossen rothen oder weissen Blüthen aus dem dunklen, glänzenden Laub der Büsche hervor.

Von Lissabon aus unternahm ich noch eine Reise nach Spanien, da es mir sehr verlockend erschien, wenigstens einige Theile dieses merkwürdigen Landes, besonders Sevilla und Granâda in Andalusien, kennen zu lernen. Die Eisenbahnzüge haben in Portugal sowie Spanien Wagen 1., 2. und 3. Classe. Jene der 1. Cl. sind ungefähr so eingerichtet, wie unsere Wagen 2. Cl., während diejenigen 2. Cl. schon viel an Bequemlichkeit zu wünschen übrig lassen. Auf allen Strecken, die ich bereiste, bewegen sich auch die sogen. Schnellzüge entsetzlich langsam; sie legen nur 30 Kilometer in der Stunde zurück. Man braucht daher 24 Stunden, um von Lissabon nach Sevilla zu fahren; die Strecke von Sevilla nach Granâda legt der Zug in 10 Stunden zurück.

Man verlässt Lissabon Abends $7^1/_2$ Uhr und durchkreuzt während der Nacht Portugal von Westen nach Osten. Morgens gegen 6 Uhr trifft der Zug in Badajoz, der spanischen Grenz- und Zollstation, ein. Dann geht es nach gut einstündigem Aufenthalt weiter in der spanischen Landschaft Estremadûra. Man sieht den Guadiâna, der sich in einem sehr breiten, kiesreichen, nicht regulirten Bett bewegt. Mérida wird erreicht, und nun wendet sich die Bahn bald stark nach Süden. Der Boden der Ebene, die man durchreist, ist hier recht fruchtbar. Weinstöcke und Getreide werden auf ausgedehnten Feldern cultivirt. Die Grenzen derselben sind oft durch Hecken von dickblätterigen Agaven und Opuntien bezeichnet. Auf vielen Äckern cultivirt man nicht nur Getreide, sondern es sind auf ihnen noch in regelmässigen Reihen Olivenbäume oder Bäume von Quercus Ilex angepflanzt. Diese letzteren, deren Samen übrigens essbar sind, dienen hauptsächlieh zur Holzgewinnung. Die Gegend ist so waldarm, dass man erst durch den Anbau der erwähnten Eichenart das zum Brotbacken erforderliche Holz erzielt. Nachmittags zwischen 4—6 Uhr durchkreuzten wir die Sierra Morena. Die Berge dieser Sierra, welche Gipfel von 1600 Meter Höhe besitzt, zeigen sanft abgerundete Formen. Manche tragen Wälder immergrüner Eichen und Olivenbestände. Die meisten, an denen wir vorbeifuhren, sind aber nur mit Gras und niedrigem Gestrupp bewachsen. (Formation der Maquis.) Bei Sonnenuntergang breiteten sich bald tiefe Schatten über die Thäler, während die Höhen noch vom Licht umflossen waren, und Luft sowie Wolken in violetten Farbentönen schimmerten. Abends um 8 Uhr traf der Zug in Sevilla ein. Man findet hier im Hôtel de Paris ein gutes Quartier. In Spanien bezahlt man im Gasthof für volle Pension pro Tag 10—12 Pesetas = 8—10 Mark.

Nachdem ich mich etwas von der langen Bahnfahrt erholt hatte, ging ich noch am Abend unter Begleitung eines Führers, der Englisch und Französisch sprach, in die Stadt. Sie zählt etwa 120,000 Einwohner; ihre Strassen sind meist eng, aber werden von schönen, grossen Plätzen, z. B. dem Plaza nueva, unterbrochen, welche mit Orangenbäumen und Palmen geschmückt sind. Als Hauptstrasse der Stadt ist die Calle de la Sierpes zu nennen, in der sich vom Morgen bis zum Abend eine dichte Menschenmenge drängt. Wagen dürfen hier, um den Verkehr der Fussganger nicht zu storen, nicht fahren. Kaffees, schone Läden und Clubhäuser sind in grosser Zahl vorhanden. Durch die grossen, unverhüllten Fensterscheiben kann man ungestort von der Strasse aus in das Innere der letzteren schauen. Die Räume sind prächtig ausgestattet. Auf den schwellenden Kissen der Sophas ruhen in nachlässiger Haltung vornehm gekleidete Herren, die, wahrend sie Cigaretten rauchen, kaum mit einander sprechen, gewöhnlich nicht einmal Zeitungen lesen, aber auch nicht trinken (der Spanier ist im Allgemeinen, wie alle Romanen, massig), sondern einfach ihr Dasein geniessen, was allerdings oft höchst langweilig sein mag. Endlich besuchte ich noch ein Local, in welchem Andalusierinnen tanzten.

Am anderen Morgen holte mich der Fuhrer zeitig zur Fortsetzung der Besichtigung der Stadt ab. Wir gingen zuerst in die Kathedrale, eine herrliche, fünfschiffige Kirche, die reich an Gemälden ist, unter denen wohl das berühmteste dasjenige des heiligen Antonius von Murillo. Leider sieht man in Folge der schlechten Beleuchtung des Bildes sehr wenig von demselben; es giebt aber in Sevilla ein Museum, in dem man verschiedenen Werken des genannten Malers einen hervorragenden Platz einräumte, wie ihnen ein solcher gebührt. An die Kathedrale schliesst sich ein etwa 350′ hoher Thurm an, der besonders dadurch merkwurdig ist, dass man in demselben auf einer gewundenen schiefen Ebene emporsteigt. Nur ganz oben sind Treppen vorhanden. Von der Höhe aus überblickt man die weit gedehnte Stadt mit ihren vielen Kirchen und zahllosen Häusern, von denen die meisten flache Dächer tragen. Wir besuchten dann den Alcázar, den ehemaligen Palast maurischer Könige. Die Mauren entfalteten vom Jahre 711 bis 1492 ihre Macht in Spanien, und in dem jetzt völlig in maurischem Stil restaurirten Alcázar tritt uns ein prächtiges Monument der vergangenen Zeit entgegen. Man sieht hier zahlreiche Gemacher, Höfe, Saulengange und Garten, die zum Theil mitten zwischen den Gebauden angelegt sind. Magnolien, Orangenbäume, Jasminum grandiflorum mit gefiederten Blättern und sorgsam gepflegte Myrthenhecken erfreuen das Auge.

Eine Besichtigung der alten Mauern, von denen Sevilla umgeben ist, bot auch Interesse. Leider war es gerade für einige Zeit streng untersagt, die grossartige königliche Cigarrenfabrik, in der ca. 2000 Arbeiterinnen beschäftigt werden, zu besuchen, da dieselbe einer Reorganisation unterlag. Wunderschön ist die Promenade am Guadalquivir, an dessen linkem Ufer Sevilla liegt. Hier sieht man ganz nahe der Stadt ziemlich grosse Seeschiffe, die z. B. nach England fahren und besonders mit spanischen Erzen, Südfrüchten sowie Öl befrachtet werden. Wandern wir stromabwärts, so gelangen wir in eine prächtige Allee, die weiter in einen Garten führt, den Nadelhölzer, beschnittene Lorbeerhecken und vor allen Dingen zahllose, in Reihen gepflanzte, grosse wie kleine Orangenbäume schmücken, aus deren dunklem Laub die köstlichen Früchte überall hervorschimmern. Man war gerade bei der Ernte derselben beschäftigt. Es lehnten Leitern an den Bäumen; Männer stiegen hinauf, um die Orangen zu pflücken und in Körben zu sammeln. An verschiedenen Stellen des Gartens knieten Madchen, kreisförmige Gruppen bildend, in deren Mitte die Körbe entleert wurden. Die Frauen säuberten die Früchte, wickelten sie in Seidenpapier ein und verpackten sie behutsam in Kisten, in denen sie in ferne Länder verschickt werden sollten.

Diese andalusischen Mädchen mit ihren schwarzen, ausdrucksvollen Augen sind wirklich schön. Ich habe überhaupt niemals schönere Frauen als in Sevilla und Granâda gesehen. Der Südspanier, in dessen Adern ein guter Tropfen arabischen Blutes rollt, hat ein gemesseneres, ruhigeres Wesen als der Portugiese; er ähnelt darin mehr dem Brasilianer, ist aber doch gegen den ihm völlig unbekannten Fremden entgegenkommender als dieser letztere.

Merkwürdig sind in Sevilla auch die Volkstheater. Es finden in denselben abends drei Vorstellungen hintereinander statt. Jede dauert nur eine Stunde, und zu jeder kann man ein besonderes Billet haben. Ist eine Vorstellung beendet, so stürmen sofort wieder zahlreiche Menschen in das Theater, um die eben verlassenen Plätze abermals zu besetzen. Ich suchte mir einen Platz mitten unter Arbeitern und Arbeiterinnen und freute mich, wie diese das kurze Vergnügen in vollen Zügen genossen.

Nun das Stiergefecht in Sevilla. Das Amphitheater in dieser Stadt ist das grösste Spaniens. Es fasst 18,000 Menschen. Die Mitte des Amphitheaters wird von einem sehr grossen, kreisförmigen Raum gebildet, in welchem der Kampf stattfindet. Dieser Raum wird von einer hohen Holzwand umgeben, über welche die Kämpfer springen können, wenn sie gar zu sehr vom wüthenden Thier bedroht sind. Sie befinden sich dann in einem schmalen Gange, der von der Arena durch die erwähnte, von dem Zuschauerraum aber durch eine zweite Wand abgegrenzt ist. In diesem letzteren erheben sich Steinbänke, eine über der anderen, und ganz oben sieht man eine verdeckte Gallerie, während das Theater im übrigen kein Dach trägt. Ställe für Pferde und Stiere sowie Räumlichkeiten für die Kämpfer befinden sich zu ebener Erde unter dem Zuschauerraum. Von ihnen aus führen Wege in die Arena. Man unterscheidet Stiergefechte mit älteren Stieren (corridas de toros), die unter Beihülfe der zu Pferde sitzenden Picadores vollführt werden, und solche mit jungen Stieren (novilladas), die in den Wintermonaten stattfinden. In den grösseren Städten bietet sich jeden Sonntag Gelegenheit, Stiergefechte zu sehen. Die Kämpfe und alles, was mit ihnen zusammenhängt, beeinflussen das Interesse der Spanier im äussersten Maasse, während höhere geistige Bestrebungen dadurch sehr in den Hintergrund gedrängt werden.

Als ich in's Amphitheater kam, war dasselbe schon

sehr besetzt. Immer neue Menschenmengen, Männer, Frauen und Kinder, strömten herbei. Die Musik spielt, ein Signal ertönt, und ein Stier rennt in die Arena. Er stutzt, geblendet vom Tageslicht sowie erschreckt durch die Rufe der Menge. Dann wieder läuft er brüllend in der Arena umher. Männer in bunter Tracht reizen ihn, indem sie rothe Tücher vor ihm ausbreiten. Wenn das Thier auf dieselben losstürmt, springen die Männer geschickt zur Seite. Abermals ein Trompetensignal. Nun treten die Bandarilleros auf. Sie werfen mit Widerhaken versehene und mit kleinen Fahnen gezierte Lanzen nach dem Stier. Die Zuschauer jubeln, wenn eine solche Waffe gut trifft, aber ebenso, wenn ein Bandarillero, der nicht vorsichtig genug ist, von seinem Feinde umgerannt wird. Neue Lanzen verwunden den Stier; er fühlt sich aber noch immer im Besitze seiner gewaltigen Kraft und geht mit gesenktem Kopf auf seine Gegner los. Allmählich ermattet das gequälte Thier in Folge des furchtbaren Kampfes. Man hört das dritte Signal. Der Matador naht sich seinem Opfer. Er streckt dasselbe durch einen geschickt ausgeführten Messerstich zu Boden. Brausender Jubel erschallt, die Musik spielt, ein Gespann von vier geschmückten, glockentragenden Pferden schleift den getödteten Stier aus der Arena, und eine blutige Spur bleibt im Sande zurück. Zwanzig Minuten hat der Kampf gedauert, und noch fünf Mal wiederholt er sich an demselben Nachmittag. Als der dritte Stier matt und müde seinem Ende entgegen ging, begannen in einer benachbarten Kirche, deren Thurm von dem Theater aus zu sehen war, die Glocken zur Messe zu läuten; bei ihrem Klange sank auch das tödlich getroffene Thier zu Boden. So sind die Menschen! Sie beten zu Gott, aber seine herrliche Creatur quälen sie zu Tode. Ich mochte das grausige Schauspiel nicht länger ansehen und ging an den Guadalquivir, wo mir der Corso geschmückter Damen und Herren in schönen Wagen, sowie die aus dunklem Laub hervorleuchtenden, reifen Orangen beruhigende, freundliche Bilder darboten.

Am nächsten Tage brachte mich die Bahn in zehn Stunden von Sevilla nach Granâda. Der Zug passirt zunächst sumpfiges Terrain, dann fährt man zwischen endlosen Hecken von Agaven und Opuntien, welche die Felder begrenzen, dahin. Pinienbestände und ziemlich öde aussehende, von Mauern umfasste Orte tauchen auf, bis man endlich das in fruchtbarer Gegend gelegene Granâda erreicht, wo ich ganz nahe der einen hohen, baumbestandenen Hügel krönenden Alhambra wohnte. Die Stadt zählt heute etwa nur noch 70,000 Einwohner. Sie dehnt sich im Thal des dem Guadalquivir zuströmenden Xenil und in demjenigen des reissenden, von Osten her dem Xenil zueilenden Tarro aus, steigt aber auch am Alhambrahügel sowie an einem zweiten Hügel, der von jenem durch den zuletzt genannten Fluss getrennt ist, empor. Granâda liegt in ca. 700 Meter Meereshöhe. Die meisten Strassen der Stadt sind eng und krumm. Die belebteste Strasse ist der Zacatin. Im maurischen Stiel völlig renovirt ist die Alcayceria, der von mehreren engen Gassen gebildete ehemalige Bazar.

Für den Fremden beanspruchen in Granâda besonders die weltberühmte Alhambra und der Albaycin, jener Stadttheil, der auf den durch den Tarro von dem Alhambrahügel getrennten Höhen liegt, und in welchem zahlreiche Zigeuner (gitanos) wohnen, das höchste Interesse. Die Alhambra war die feste Burg maurischer Könige. Mag man den Blick von unten zu ihr hinaufwenden oder von der Burg selbst aus auf die Stadt schauen, immer wird man wieder gefesselt sein von dem köstlichen Bilde. Der ganze Bau von 3,5 Kilometer Umfang ist von einer Ringmauer umgeben. Innerhalb derselben liegen einige Wohnhäuser, ein von Karl V. erbauter Palast und der im Jahre 1338 vollendete maurische Königspalast. Derselbe besteht aus zahlreichen Sälen, Gängen, Höfen, Bädern und Gärten, in denen man sich nur schwer orientiren kann. Wundervoll ist der Saal der Gesandten. Er wird von mächtiger Kuppel überwölbt, und hier entfaltet sich besonders die Pracht maurischer Architektur. Herrlich erscheint der Löwenhof, in dessen Mitte sich ein von 12 Löwen getragener Springbrunnen erhebt. Auch die Säle der zwei Schwestern und des Gerichts sind sehr merkwürdig. Was würden die Steine der Mauern erzählen, wenn sie reden könnten? In den Hallen staunt man über die Detailausführung der Säulen. Keine gleicht völlig der anderen in dieser Hinsicht, und doch ist jeder Raum ein harmonisch in sich geschlossenes Ganzes. Die Wände sind zum Theil mit Mosaikmustern versehen. An einigen Stellen ist ihre ursprüngliche Farbe, Blau und Gold, noch erhalten. In den Gärten plätschern von beschnittenen Myrthenhecken umgebene Brunnen; dazu sieht man überall Lorbeerbäume, Orangen und Cypressen. Etwas entfernt von der Alhambra liegt der Sommerpalast Generalife mit schönen Säulengängen und Gärten.

Am rechten Ufer des brausenden Tarro führt eine Strasse zu einer Vorstadt Granâdas, die besonders von vielen Zigeunern bewohnt ist. Zur Rechten hat man das tiefe Thal, zur Linken einen Höhenzug, dessen Hänge Agaven und breitgliedrige Opuntien bedecken. In das feste, wasserundurchlassende Gestein des Berges sind Höhlen hineingetrieben, die Zigeunerfamilien zur Wohnung dienen. Dieselben empfangen Tageslicht nur durch die Thür, welche sie nach der Strasse zu abschliesst, und bestehen aus vier durch natürliche Wände von Fels von einander getrennten Räumlichkeiten, einem Wohn-, einem Schlafraum, der Küche und einem neben dieser liegenden Raum für Schweine und Hunde. Manche Höhlenwohnungen sind recht sauber gehalten und bieten ein angenehmes Obdach dar. Ich wünschte sehr, die Zigeunertänze zu sehen, da aber an diesem Tage in Granâda abends keine derselben stattfanden, traf mein Führer mit einem „Capitano“ Verabredung, damit mir die Tänze bald vorgeführt wurden.

Wir bestiegen zunächst noch einen benachbarten Hügel, den die Kirche S. Nicola krönt. Von hier aus geniesst man eine wunderbar grossartige, ganz entzückende Aussicht. Ein Bild steht vor uns, wie es schöner nicht zu denken ist. Links dehnt sich die enge Schlucht des Tarro hin, rechts erblickt man das Häusermeer von Granàda, im Vordergrund das schmale Flussthal und die auf einem Hügel ruhende Alhambra mit ihren Kuppeln und Thürmen. Majestätisch erhebt sich aber dahinter die gewaltige, steile Kette der Sierra Nevada, deren mit ewigem Schnee bedeckte Gipfel kühn in den blauen Himmel aufstreben. Wer das Glück hatte, dieses Bild einmal zu sehen, dem prägt es sich unauslöschlich in das Gedächtniss ein.

Die Sierra Nevada, aus Kalkstein und in ihren höchsten, bis zu 3500 M. aufsteigenden Kuppen aus Glimmerschiefer bestehend, hat nur eine Länge von 130 Kilometer und eine Breite von 30—45 Kilometer. Das Gebirge führt auch Gletscher, von denen einer dem Xenil seinen Ursprung giebt.

Bald nachdem wir den herrlichen Aussichtspunkt von S. Nicola verlassen hatten, begegneten wir zwei Zigeunerinnen, Mutter und Tochter, von denen die erstere meinen Führer ansprach und ihm in erregtem Tone erzählte, dass ihre jüngste Tochter ganz plötzlich von ihrem Liebhaber verlassen worden sei. Sie würde nichts sagen, fuhr die Frau mit Leidenschaftlichkeit fort, wenn das Mädchen nicht das schönste von Granàda wäre, aber jetzt wüsste sie gar keinen Rath. Schön mochte die Tochter wohl sein, das glaubte ich gerne, denn die Mutter selbst besass noch angenehme Züge und besonders prächtige, dunkle Augen, die blitzten und leuchteten, indem sie sprach.

Ich wurde in ein Haus geführt, in welchem sich sechs Zigeunerinnen bereits zum Tanz eingefunden hatten, von denen zwei sehr hübsch waren. Sie trugen kurze Röcke, bunte Brusttücher und Blumen im vollen Haar. Die Guitarre ertönte, und der Tanz nahm seinen Anfang. Bald einzeln, bald zu zweien oder zu mehreren, führten die Tänzerinnen ihre kunstvollen Übungen aus. Bei manchen Tänzen spielten die Castagnetten eine grosse Rolle, und immer erschienen besonders die Armbewegungen sehr anmuthig. In den Pausen zwischen den Tänzen boten die Mädchen Cactusfeigen und vortrefflich mundenden rothen Wein an.

Von Granâda über Sevilla nach Lissabon zurückgekehrt, musste ich hier noch mehrere Tage bleiben, da sich das nach Hamburg bestimmte Schiff in Folge schlechten Wetters verspätete. Grössere Ausflüge konnten leider nicht unternommen werden, weil es viel regnete. Die herrschende Temperatur von etwa 10° C. war nicht angenehm. Es giebt in Lissabon keine Öfen, und mich fror sehr. In der That ist man nach längerem Aufenthalt in den Tropen doppelt empfindlich für niedere Wärmegrade. Am 20. December ging die Olinda (Capitain Bruhn) nach Hamburg ab.

Am Nachmittag des 21. December sahen wir die felsige Küste Spaniens bei Kap Finisterre. Etwa 24 Stunden später trat die Olinda bei der französischen Insel Quessant in den Canal ein, passirte in der Nacht Dover und hatte am 24. December sehr heftigen Sturm auf der Nordsee auszuhalten. Schäumend brausten die vom Winde gepeischten Wogen gegen das Schiff. Ströme der salzigen Fluth ergossen sich über das Deck, und auf demselben mussten Seile gespannt werden, an denen man sich beim Gehen auf den mit einer Eiskruste überzogenen Brettern festhalten konnte. Im Speisesaal flackerte ein lustiges Feuer im Kamin, um das wir uns zur Feier des Weihnachtsabends gemüthlich bei Punsch gruppirten. Ich war als einziger Passagier an Bord, aber verlebte die letzten Tage auf See in Gesellschaft des Capitains, der Officiere und des Schiffsarztes recht angenehm. Der Sturm tobte ununterbrochen fort. Es wurde auf Rotterdam gesteuert, indessen durch

Stromversetzung kam dás Schiff in die Nähe der englischen Küste. Mehrfach musste auch gehalten werden, um durch Lothungen und Aufnahme von Proben des Meeresgrundes den Ort zu bestimmen, an dem wir uns befanden. Am folgenden Tage legte sich der Sturm; die holländische Küste kam in Sicht, und am 26. December befanden wir uns bereits morgens auf der Elbe. Mich weckte ein sonderbares Geräusch, welches seinen Grund darin hatte, dass das Schiff die den Strom bedeckenden Eismassen durchschnitt. Wir lagen einige Zeit bei Brunsbüttel still, um die Fluth abzuwarten. Dann ging es rasch flussaufwärts. Im fahlen Licht der Wintersonne tauchten die hohen Thürme und Häusermassen Altonas und der alten Hansastadt Hamburg auf. Grau und farblos erschien mir alles. Mir fehlte die wundersame Lichtfülle, die das Auge in der Tropenwelt so lange genossen hatte. Um 12 Uhr mittags legte die Olinda am Versmann-Quai im Hamburger Hafen an, und am 28. December traf ich wieder in meinem lieben Jena ein.

Im Jahre 1895 erschien mir vor meiner Abreise nach Brasilien der 21. Juni wie ein hoher Festtag, denn die Sonne wandte sich aus ihrem Zenithstande über dem Wendekreis des Krebses wieder der südlichen Hemisphäre der Erde zu, um in jenen Gegenden, die ich bald kennen lernen sollte, die höchste Fülle des Daseins zur Entfaltung zu bringen. Nun habe ich die wundersame Tropenwelt gesehen, und darf die Bereicherung, welche meine Anschauungen sowie Kenntnisse durch die Reise erfahren haben, als nicht unerhebliche bezeichnen. Die Erinnerung an meine Tropenfahrt wird mir aber ebenfalls stets eine Quelle reinster Lebensfreude bleiben.

Einige Litteraturangaben.

Boguslawski, Handbuch der Oceanographie, Bd. 1, 1884.
Brehm, Thierleben, neue Bearbeitung v. Pechuel-Loesche.
Ch. Darwin, Reise eines Naturforschers um die Welt, 1875.
Drude, Pflanzengeographie, 1890.
Engler-Prantl, Die natürlichen Pflanzenfamilien.
Goebel, Pflanzenbiologische Schilderungen, 1889.
Grisebach, Pflanzengeographie, 2 Bände, 1872.
Haberlandt, Eine botanische Tropenreise, 1893.
Hanausek, Die Nahrungs- und Genussmittel aus dem Pflanzenreich, 1884.
Hann, Klimatologie, 1883.
Krümmel, Handbuch der Oceanographie, Bd. 2, 1887.
Avé-Lallemant, Reise durch Nordbrasilien, 2 Bände, 1860.
———, Reise durch Südbrasilien, 2 Bände, 1859.
Spix u. Martius, Reise in Brasilien, 3 Bände, 1823—1831.
——————, Flora brasiliensis.
Mohn, Grundzüge der Meteorologie.
Pöppig, Reisen in Chile, Peru und auf dem Amazonenstrom, 2 Bände, 1835 und 36.
Reclus, Géographie universelle, 1894 und 95.
Schanz, Das heutige Brasilien, 1893.
Scheube, Die Krankheiten der warmen Länder, 1896.
Sellin, Das Kaiserreich Brasilien, 1885.
Semler, Tropische Agricultur, 1886—93.
Sievers, Amerika, 1894.
von d. Steinen, Unter den Naturvölkern Centralbrasiliens, 1894.
The State of Bahia 1893, ein für die Weltausstellung in Chicago bearbeitetes Buch.
Wallace, Die Tropenwelt, 1879.
Werner, Das Buch von der deutschen Flotte, 1889.
Wohltmann, Die natürlichen Factoren der tropischen Agricultur, 1892.
H. Zöller, Die Deutschen im brasilianischen Urwald, 2 Bände, 1885.

FSC
www.fsc.org
MIX
Papier | Fördert gute Waldnutzung
FSC® C083411

Zeitfracht Medien GmbH
Ferdinand-Jühlke-Straße 7
99095 Erfurt, Deutschland
produktsicherheit@kolibri360.de